# 配电网用户侧
# 供电可靠性分析与评估

主　编　武利会　刘　昊　曾庆辉

中国水利水电出版社
www.waterpub.com.cn
·北京·

## 内 容 提 要

本书从用户的角度将电网侧的供电可靠性转化为用户体验到的真实供电可靠性，以用户侧的供电可靠性为目标，以电能量数据为基础，从多角度深度分析三者之间的深层次关系，进而讨论提升供电质量和电能质量的策略与方法，指导开展以用户侧电能量数据为依据的供电可靠性和电能质量评估改造工作，切实提升供电企业的供电效益与服务水平，帮助用电用户在日益激烈的市场竞争中获取优质的电力供应水平。

本书既可供高等院校电力相关专业师生及研究人员阅读，也可供电力行业管理人员、技术人员阅读参考。

图书在版编目（CIP）数据

配电网用户侧供电可靠性分析与评估 / 武利会，刘昊，曾庆辉主编. -- 北京 : 中国水利水电出版社，2020.8
ISBN 978-7-5170-8826-4

Ⅰ. ①配… Ⅱ. ①武… ②刘… ③曾… Ⅲ. ①配电系统－供电可靠性－可靠性管理－研究 Ⅳ. ①TM72

中国版本图书馆CIP数据核字(2020)第170240号

| | |
|---|---|
| 书　　名 | 配电网用户侧供电可靠性分析与评估<br>PEIDIANWANG YONGHU CE GONGDIAN KEKAOXING FENXI YU PINGGU |
| 作　　者 | 武利会　刘昊　曾庆辉　主编 |
| 出版发行 | 中国水利水电出版社<br>（北京市海淀区玉渊潭南路1号D座　100038）<br>网址：www. waterpub. com. cn<br>E-mail：sales@waterpub. com. cn<br>电话：（010）68367658（营销中心） |
| 经　　售 | 北京科水图书销售中心（零售）<br>电话：（010）88383994、63202643、68545874<br>全国各地新华书店和相关出版物销售网点 |
| 排　　版 | 中国水利水电出版社微机排版中心 |
| 印　　刷 | 清淞永业（天津）印刷有限公司 |
| 规　　格 | 184mm×260mm　16开本　9.75印张　202千字 |
| 版　　次 | 2020年8月第1版　2020年8月第1次印刷 |
| 印　　数 | 0001—2000册 |
| 定　　价 | **55.00**元 |

# 编 委 会

**主　　编**　武利会　刘　昊　曾庆辉

**参编人员**　梁东明　罗容波　林秀钦　陈贤熙　刘少辉

吴焯军　余　涛　曾　江

# 前言

FOREWORD

供电可靠性对用户用电的影响巨大，因此越来越受到重视，配电网供电可靠性研究的必要性也越来越凸显。目前，在工业发达国家，可靠性已经成为配电网规划决策中的一种常规性工作，并已用于实际生产。加强配电网可靠性的研究和管理，分析现有配电网的可靠性水平及限制因素，对进一步提高我国配电网供电可靠性水平具有非常重要的实际意义。

对于电力企业而言，供电可靠性指标集中体现了电网装备水平、技术水平、管理水平和服务水平，并已成为社会和用户评价供电服务的主要参考因素。因此，提高供电可靠性指标普遍成为供电企业当前的一项重点工作目标。中国南方电网有限责任公司（简称南网公司）明确提出了“成为服务好、管理好、形象好的国际先进电网企业”的中长期发展战略目标，要求满足日益提高的客户需求。在此背景下，供电企业有必要切实提高供电可靠性管理水平，将可靠性管理变成基层供电企业主动承担社会责任、践行南网公司服务宗旨的具体举措，切实体现“万家灯火，南网情深”的“和谐、责任”供电企业形象。

近年来，供电企业也开展了大量有效的供电可靠性管理工作，广东电网公司的供电可靠性水平已处于全国领先水平，但是仍与发达国家存在一定差距，而且用户侧真实的供电可靠性还有待进一步提高。在实际工作中，仍存在电网侧供电可靠性工作已十分有效，但用户体验到的供电可靠性却并不理想的情况，而且用户侧的供电可靠性问题往往只能依靠用户反馈投诉来驱动从而进行零散的改进。例如：基于馈线首端或配变台区考核的供电可靠性指标都已合格，但在用户侧由于无功不足、电压偏低等问题造成用户侧的供电质量下降；供电侧正常供电时，由于电网发生电压暂降导致用户侧发生低压脱扣而停电；供电首端电压质量良好，但中端和末端电压质量很差等。这些用户侧的供电质量问题严重影响用户生产、生活的正常开展。

电压偏低或偏高等电压质量问题虽然并未造成用户侧的电力供应中断，但会造成用户用不上电的情况，降低用户的供电可靠性体验的同时也影响了供电企业的售电量和企业形象。电压偏低常常会引起低电压保护装置动作，电磁开关、空气开关跳闸，导致用户侧停电；而且用户侧感应电动机及其他电机类负荷在电压持续偏低时，经常会出现电动机启动困难或者无法启动，甚至因过负荷而烧毁的情况；电压偏低还会降低发电、供电、用电设备的出力，增加供电线路及电气设备中的电能损失。因此，电压质量与用户侧的供电可靠性水平密切相关，要切实提升用户侧供电可靠性需要充分认识电压质量对供电可靠性的影响。

电能质量问题也广泛影响了我国目前配电网的供电可靠性。其中，电压暂降问题对基于电力电子和电子信息技术的现代化工业负荷的可靠性影响非常大，进而降低了用户侧的供电可靠性。在以往的工作中，由于电压暂降发生时间短，在供电可靠率统计中是不计入停电的，且不影响配电网的供电能力，但实际上很多用户已经因低压脱扣造成了停电事实。无论是电网停电还是电压暂降造成的个别用户断电，对用户而言就是停电。可见，传统上以供电时间、停电次数等为主要评估与分析指标的供电可靠性理论、指标存在诸多不足，当前的供电可靠性分析评估方法并不能真实衡量用户侧的供电可靠性。因此，单一以停电时间来衡量的供电可靠性并不能完全描述用户侧的供电可靠性，难以体现电能质量和电压质量问题对用户及社会造成的危害，没有反映现代电力系统条件下电力敏感负荷受其影响的严重性，使得供用电双方也逐渐出现供电可靠性方面的技术矛盾，不仅对电网供电可靠性和供电效益造成直接影响，更降低了企业的服务水平，有必要予以重点关注。

另外，随着近年来越来越多智能电表与智能终端的安装部署，供电企业可以获得越来越多的用户相关的用电数据和信息，海量的用户侧电能量数据如何梳理应用成为供电企业面临的新问题。其中，利用用户侧电能量数据来指导开展用户侧的供电可靠性工作就是一个可行且有效的应用途径。对现有的各类信息系统和已安装的监测装置中进行深入的分析和挖掘，提炼出能够反映用户真实供电可靠性、电压质量和电能质量的有用信息，以用于改进用户侧供电可靠性评估管理方法和提升措施。这就要求对现有的信息、数据来源进行梳理，利用大数据手段分析电能量数据与用户侧供电可靠性的关系，进而建立通过电能量数据表征用户侧供电可靠性的方法。

总而言之，将供电可靠性分析评估工作从电网侧转化到用户侧，研究用户体验到的真实供电可靠性，以电能量数据为基础从多角度深度分析供电可靠性、电压质量和电能质量三者之间的深层次关系，进而探讨提升供电质量的策略与方法的研究工作是很有必要的。

本书得到了中国南方电网有限责任公司科技项目（030600KK52160006）的大力支持，在此深表谢意。

**作者**

2020年7月

# 目录

CONTENTS

# 第1章

# 配电网供电可靠性概述

## 1.1 基本概念

可靠性是指一个元件、设备或者系统在预定的时间内，在规定的条件下完成规定功能的能力。它综合反映了对象的耐久性、无故障性、维修性、有效性和使用经济性等性质。将可靠性工程的一般原理和方法与电力系统的工程问题相结合，便形成了电力系统可靠性的研究课题。在电力领域中，电力系统的可靠性指电力系统持续产生和供应电能的能力。这是20世纪60年代中期以后才发展起来的一门应用科学，它渗透到电力系统的规划、设计、运行和管理等各个方面。

电力系统是一个由发电、输电、变电、配电和用电有机结合在一起的整体。简单的电力系统示意图如图1-1所示。

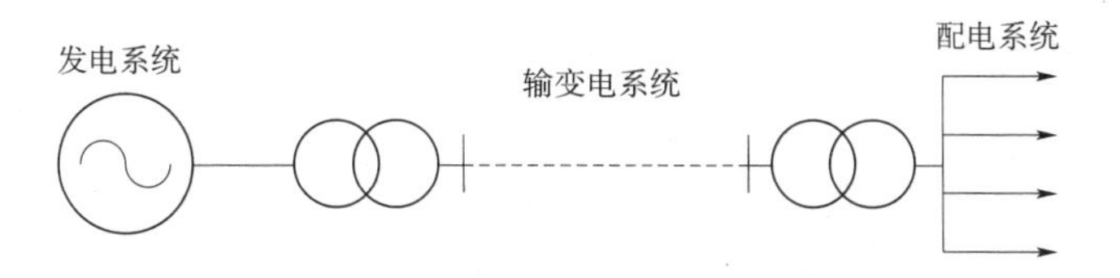


图1-1　简单的电力系统示意图

发电系统是整个电力系统中的负荷以及各种损耗的能量来源，输变电系统将远离用户的发电厂的电能输送到负荷聚集的区域，而配电系统将输变电系统与用电系统连接起来，向用户分配和供应电能。与电力系统的构成部分相适应，电力系统的可靠性也可以分为发电系统可靠性、输变电系统可靠性和配电系统可靠性。相应地，发电系统可靠性是指发电系统持续发电的能力，输变电系统可靠性是指输变电系统持续输电的能力，配电系统可靠性是指配电系统持续供配电的能力。在已有的研究中，对发电输变电系统可靠性的理论较为成熟，而配电系统可靠性的研究起步较晚，不过也已经有了大量关于配电系统可靠性的研究成果。

在配电系统可靠性研究中，往往将发电和输变电系统的可靠性指标作为一个已知的参数，作为配电系统可靠性的输入数据，然后根据配电网络的网络架构和运行方式进行配电系统的供电可靠性分析。所谓供电可靠性，是指在电力系统设备发生故障时，衡量能使由该故障设备供电的用户供电障碍尽量减少，使电力系统本身保持稳定运行的能力。其实质是度量配电系统在某一期间内保持对用户连续充足供电的能力。根据 DL/T 836.1—2016《供电系统供电可靠性评价规程　第 1 部分：通用要求》，供电系统用户供电可靠性的定义为“供电系统对用户持续供电的能力”。供电可靠性是考核供电系统电能质量的重要指标，反映了电力工业对国民经济电能需求的满足程度，已经成为衡量一个国家经济发达程度的标准之一。供电可靠性可以用供电可靠率、用户平均停电时间、用户平均停电次数、用户平均故障停电次数等指标加以衡量。

根据大多数电力公司对用户停电事件统计数据的分析表明，配电系统对于用户的停电事件具有更大的影响。据不完全统计，用户的停电事件中有 80％～95％是由配电系统的故障引起的。而且随着现代社会对可靠性要求的不断提高，即使是局部电网故障，对电力企业、用户和社会的影响都日益增大，因此近年来配电系统可靠性问题逐渐受到更多的关注。而相对于高压配电系统和低压配电系统，中压配电系统对用户供电可靠性的影响最大，也是可靠性评估的研究重点。

## 1.2　国内外发展现状

### 1.2.1　国外供电可靠性发展现状

国外研究人员对供电可靠性开展了比较系统的研究。已有的成果与经验表明，建立供电可靠性指标统计分析系统，可为供电可靠性管理搭建一个综合分析评估平台，直接与各级调度系统和配网管理综合信息平台连接，实时准确地采集停送电时间、停电范围、停电设备、停电类型等关键数据，摸清不同单位、地区的供电可靠性规律，为制定有针对性的措施提供依据。因此应研究建立供电可靠性评估机制，建立评估与决策支持系统，建立事前预测评估、事中控制检查、事后统计分析的闭环管理机制，准确掌握供电可靠性现状及发展变化趋势，发掘现有供电可靠性管理中存在的问题，为提高供电可靠性提供有力的数据支撑和决策支持。

国外建立了供电可靠性指标统计分析系统，可以实时采集停送电时间、停电范围等关键数据；还建立了评估与决策支持系统，建立事前预测评估、事中控制检查、事后统计分析的闭环管理机制，可准确把握供电可靠性的现状及其发展规律，并关注可靠性信息对检修策略制定和调整的指导作用。例如，加拿大既注重现有配电系统的供电连续性，也重视对未来可靠性的预测和分析；日本配电系统管理采用系统平均停电频率（System Average Interruption Frequency Index，SAIFI）和系统平均停电时间（System Average Interruption Duration Index，SAIDI）两项可靠性指标，除此之外还研究了评估停电故障时供电转移能力的指标等。此外，发达国家的可靠性统计是统计到低压用户，能够较为全面地反映用户实际的供电可靠性。

北美采用的配电网供电可靠性指标最早由爱迪生电力研究所（EEI）、美国公共电力联合会（APPA）和加拿大电力联合会（CEA）提出，并于1998年成为IEEE试行标准（IEEE Std 1366 1998，IEEE Trial Use Guide For Electric Power Distribution Reliability Indices，配电可靠性指标导则），目前最新版本为IEEE Std 1366—2012。其中最主要的指标为SAIFI，用户平均停电频率指标（Customer Average Interruption Frequency Index，CAIFI），用户平均停电持续时间指标（Customer Average Interruption Duration Index，CAIDI）和SAIDI。在加拿大将不仅非常重视现有配电系统的供电连续性（即年度可靠性指标统计），同时也非常重视对未来可靠性的预测和分析，由加拿大电气协会的供电连续性委员会负责年度实际可靠性指标的制定和考核，由配电系统可靠性技术委员会负责可靠性预测评估和分析。两个部门完成每年的可靠性统计和评估报告。

日本配电系统管理采用的全国可靠性指标主要有SAIFI和SAIDI两项，此外，还研究了评估停电故障时供电转移能力的指标，包括衡量联络强弱程度的联络率指标和衡量故障时分担其他段负荷及切换能力的有效运行率指标等。

近40年来发达国家普遍开展了配电系统可靠性管理和研究工作，进入21世纪以来在配电系统可靠性研究和管理方面更表现出以下发展趋势：

（1）既注重可靠性统计分析，又重视可靠性预测评估。既进行系统宏观平均值指标统计，又日益关注部分微观极值指标和监察和控制。

（2）日益重视设备可靠性基础数据的采集和整理，关注可靠性信息对检修策略制定和调整的指导作用。

（3）日益关注可靠性对配电网规划和设计的指导。基于可靠性的配电系统规划方法已成为近两年的研究重点之一。

（4）日益重视可靠性与经济性的协调。近5年开展了大量有关各类用户的供电可靠性价值研究，从经济角度分析用户为提高供电可靠性所愿意承担的电价增量以及供电企业为提高供电可靠性水平需承担的成本和开放电力市场的供电企业规划投资提供指导。

### 1.2.2 国内供电可靠性发展现状

国内供电可靠性的发展相对较晚，但也取得了瞩目的成就。我国建立了统一的多层次的可靠性管理体系，形成了完善的可靠性技术标准体系，建立了统一的可靠性数据库系统，积累了二十多年的可靠性数据，造就了一支高水平可靠性专业队伍，广泛应用了现有的可靠性管理方法和技术。

目前，我国的供电可靠率统计普遍还只到中压用户，即统计的范围为 10kV 配电变压器，每台配电变压器为一户。虽然部分地区已尝试进行低压电网的供电可靠率统计，但该系统要求每个电度表安装数据采集模块，有通信模块和通信通道，以及数据分析处理模块，投资巨大，一般仅在小区试点研究，未全面实施可靠率统计到低压用户。因此长期以来，低压用户供电可靠性一直缺乏准确、有效的统计手段。作为以“户”为统计单位的供电可靠性管理，若只统计到中压用户是不完整的，不能全面反映各类用户实际的供电可靠性。因此，有必要加快供电可靠性指标的统计、分析与管理向低压用户扩延，扩延的范围应该是到低压用户计量表的进线单元，出线单元则由用户负责。

据统计，承担我国香港 90%以上客户供电业务的中华电力公司，2004 年的供电可靠率为“四个九”，即 99.99%；欧美等发达国家和地区的供电可靠率甚至接近过令人惊叹的“五个九”，如法国巴黎 2002 年的供电可靠率为 99.9975%，相当于客户年均停电时间为 13.7min。

随着各种基于电力电子技术的设备在电网中大量应用，配电网中大量的谐波、电压波动与闪变、电压暂降等问题日益增多，使得传统上以供电时间、停电次数为主要考核思路的供电可靠性理论、指标存在诸多不足，即当前的供电可靠性内容与指标并不能真实衡量用户侧真实的供电可靠性，并已影响到现有配电网供电可靠性提升策划和方法的实用性。

在我国，电子工业部门最早开始开展可靠性研究工作。电力行业的可靠性评估工作一直是重点内容之一。目前我国采用的配电系统可靠性指标采用总用户数作加权平均，并规定中压配电网用户统计单位的计算方式如下：以 10kV 公用变压器作为一个用户单位统计。对专用变压器，若一个用电单位接在同一条配电线路上同一设备的几台配电变压器和高压用电设备采用一个总电能表计量，则应合并视为一个用户单位统计，不满足上述特点的可按电能表数量作为用户数统计。

另外，配电系统可靠性指标的一般以一年为统计时间单位。在实际电网管理中进行指标统计时又往往需要根据实际事故和停电性质的不同进行分类统计，以区分停电责任范围（上级电网与本级电网，外部电网）和停电原因（电源不足/检修/施工/故障等）。而理论分析则主要反映内部电网可靠性，一般不考虑电源不足的影响。但计算中据统计方式的不同就决定了所计算的可靠性指标是否包含了检修、施工等造成的停电影响。因此理论计算中必须关注所采用的可靠性基础数据来源。

总体而言，我国的供电可靠率统计普遍还只到中压用户，且在供电可靠率上，我国与发达国家相比还存在差距。

纵观国内外的研究，供电可靠性的重要性已经成为共识，研究机构和企业在供电可靠性领域开展了大量的工作，有许多卓有成效的方法、标准、论文等可资参考，但国内用户侧的供电可靠性的深度分析和评估工作仍然没有开展。

## 1.3 供电可靠性的评估指标及相关标准

### 1.3.1 统计用户分类

国际标准 IEEE Std 1366—2012 与我国标准 DL/T 836.1—2016 均为目前广泛采用的标准。IEEE Std 1366—2012 对用户的定义为“计量电力服务点，在某个特定位置为该电力服务点设立了一个有效的电费账户”。DL/T 836.1—2016 对用户的定义为“供电企业在一个固定地点建立的计量收费账户”，并根据我国目前的电网发展和可靠性管理水平，将统计用户分为高压用户、中压用户和低压用户三类。

（1）高压用户。高压用户为以 35kV 及以上电压受电的用户。一个用电单位的每一个受电降压变电站，作为一个高压用户统计单位。由各变电站（发电厂）35kV 及以上电压出线母线侧隔离开关开始至 35kV 及以上电压用户变电站与供电企业的管界点为止范围内所构成的供电网络及其连接的中间设施，为高压用户供电系统及其设施。

（2）中压用户。中压用户为以 10（6、20）kV 电压受电的用户。一个接受供电企业计量收费的中压用电单位，作为一个中压用户统计单位。在低压用户供电可靠性统计工作普及之前，以 10（6、20）kV 供电系统中的公用配电变压器作为用户统计单位，即一台公用配电变压器作为一个中压用户统计单位。由各变电站（发电厂）10（6、20）kV 出线母线侧隔离开关开始至公用配电变压器二次侧出线套管为止，以及 10（6、20）kV 用户的电气设备与供电企业的管界点为止范围内所构成的供电网络及其连接的中间设施，为中压用户供电系统及其设施。

（3）低压用户。低压用户为以 380/220V 电压受电的用户。一个接受供电企业计量收费的低压用电单位，作为一个低压用户统计单位。由公用配电变压器二次侧出线套管外引线开始至低压用户的计量收费点为止范围内所构成的供电网络及其连接的中间设施，为低压用户供电系统及其设施。

IEEE Std 1366—2012 没有对统计用户进行分类，因此对于每个计费用户，其标准中的供电可靠性统计指标均适用。而 DL/T 836.1—2016 不仅对统计用户进行了分类，并且每类用户所适用的供电可靠性统计指标也有所区别。

## 1.3.2　供电系统状态

DL/T 836.1—2016 中将供电系统状态分为供电状态和停电状态，其中停电状态又可分为持续停电状态和短时停电状态，定义分别如下：

（1）供电状态。用户随时可从供电系统获得所需电能的状态。

（2）停电状态。用户不能从供电系统获得所需电能的状态，包括与供电系统失去电的联系和未失去电的联系。其中，对用户的不拉闸限电，视为等效停电状态。自动重合闸重合成功或备用电源自动投入成功，不应视为对用户停电。

1）持续停电状态。停电持续时间大于 3min 的停电。

2）短时停电状态。停电持续时间不大于 3min 的停电。

对停电状态进行进一步划分，又可分为不同的停电性质。停电性质主要可分为故障停电和预安排停电两类，如图 1-2 所示。其中，故障停电包括内部故障停电和外部故障停电，指供电系统无论何种原因未能按规定程序向调度提出申请并在 6h（或按供电合同要求的时间）前得到批准且通知主要用户的停电；预安排停电包括计划停电、临时停电和限电，为凡预先已作出安排，或在 6h 前得到调度批准（或按供电合同要求的时间）并通知主要用户的停电。具体定义可参考 DL/T 836.1—2016。

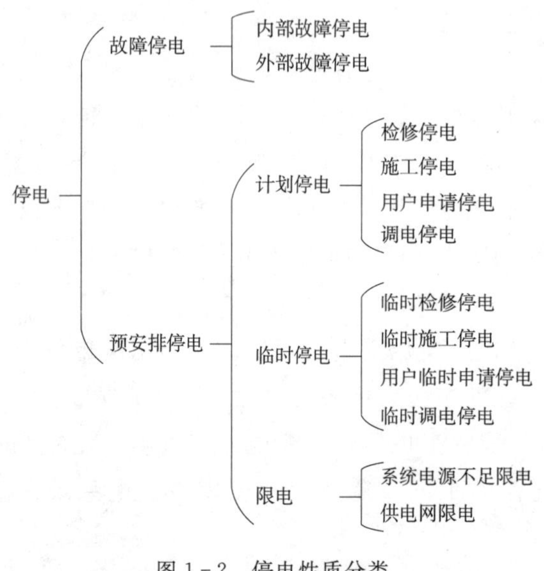


图 1-2　停电性质分类

## 1.3.3　供电可靠性指标定义及计算公式

### 1.3.3.1　现有供电可靠性管理规程中的统计指标

IEEE Std 1366—2012 中提出了配电可靠性评估指标，并可分为持续停电指标、基于负荷的指标和其他指标三类。DL/T 836.1—2016 提出了配电网用户供电可靠性统计评估指标，分为主要指标和参考指标两类。

将 IEEE Std 1366—2012 与 DL/T 836.1—2016 中的指标进行对比，其中，两个标准的共有指标如表 1-1 所示，不同指标如表 1-2 所示。

表 1-1　　IEEE Std 1366—2012 与 DL/T 836.1—2016 的共有指标

<table>
<tr><th colspan="2">指标类型</th><th>指标名称</th><th>定　义</th><th>非相同部分</th></tr>
<tr><td rowspan="10">持续停电指标</td><td rowspan="3">系统用户指标</td><td>平均供电可靠率（ASAI）</td><td>在统计期间内，对用户有效供电时间小时数与统计期间小时数的比值</td><td>IEEE Std 1366—2012：仅考虑持续停电（停电时间大于 5min）。<br>DL/T 836.1—2016：<br>（1）同时考虑持续停电（停电时间大于 3min）与短时停电；<br>（2）根据是否计及外部影响、系统电源不足限电和短时停电，进一步细化为 4 个指标</td></tr>
<tr><td>系统平均停电持续时间（SAIDI）</td><td>供电系统用户在统计期间内的平均停电小时数</td><td rowspan="2">IEEE Std 1366—2012：仅考虑持续停电。<br>DL/T 836.1—2016：<br>（1）同时考虑持续停电与短时停电；<br>（2）根据是否计及外部影响、系统电源不足限电和短时停电，以及对预安排停电和故障停电的分别统计，进一步细化为 6 个指标</td></tr>
<tr><td>系统平均停电频率（SAIFI）</td><td>供电系统用户在统计期间内的平均停电次数</td></tr>
<tr><td rowspan="3">停电用户指标</td><td>停电用户平均持续停电时间（CAIDI）</td><td>在统计期间内，发生停电用户的平均停电时间</td><td rowspan="3">IEEE Std 1366—2012：仅考虑持续停电。<br>DL/T 836.1—2016：<br>（1）同时考虑持续停电与短时停电；<br>（2）根据是否计及短时停电，进一步细化为 2 个指标</td></tr>
<tr><td>停电用户平均每次停电时间（CTAIDI）</td><td>在统计期间内，发生停电用户的平均每次停电时间</td></tr>
<tr><td>停电用户平均停电频率（CAIFI）</td><td>在统计期间内，发生停电用户的平均停电次数</td></tr>
<tr><td rowspan="2">长时间停电指标</td><td>长时间停电用户的比率（CELID-t）</td><td>在统计期间内，累计持续停电时间大于 $n$ 小时的用户所占的比例</td><td rowspan="4">无</td></tr>
<tr><td>单次长时间停电用户的比率（CELID-s）</td><td>在统计期间内，单次持续停电时间大于 $n$ 小时的用户所占的比例</td></tr>
<tr><td rowspan="2">重复停电指标</td><td>多次持续停电用户的比率（CEMIn）</td><td>在统计期间内，所有供电用户经历持续停电大于 $n$ 次的用户所占的比例</td></tr>
<tr><td>多次停电用户的比率（CEMSMIn）</td><td>在统计期间内，所有供电用户经历停电大于 $n$ 次的用户所占的比例</td></tr>
</table>

续表

| 指标类型 | 指标名称 | 定　义 | 非相同部分 |
| --- | --- | --- | --- |
| 基于负荷的指标 | 平均系统停电时间（ASIDI） | 在统计期间内，因系统对用户停电的影响折（等效）成全系统（全部用户）停电的等效小时数 | |
| | 平均系统停电频率（ASIFI） | 在统计期间内，因系统对用户停电的影响折（等效）成全系统（全部用户）停电的等效次数 | |
| 其他指标 | 系统平均短时停电频率（MAIFI） | 供电系统用户在统计期间内的平均短时停电次数 | DL/T 836.1—2016：根据对预安排停电和故障停电的分别统计，增加2个指标 |

**表1-2　IEEE Std 1366—2012与DL/T 836.1—2016中的不同指标**

| 指标类型 | | 指标名称 | 定　义 | 指标来源 |
| --- | --- | --- | --- | --- |
| 其他指标 | | 短时停电事件平均频率（MAIFIE） | 表示瞬时停电事件的平均次数。该指标不包括持续停电之前发生的事件 | IEEE Std 1366—2012 |
| 参考指标 | 停电用户数指标 | 平均停电用户数（MIC） | 在统计期间内，平均每次停电的用户数 | DL/T 836.1—2016 |
| | | 预安排停电平均用户数（MIC-S） | 在统计期间内，平均每次预安排停电的用户数 | |
| | | 故障停电平均用户数（MIC-F） | 在统计期间内，平均每次故障停电的用户数 | |
| | 缺供电量指标 | 用户平均停电缺供电量（AENS） | 在统计期间内，平均每一用户因停电缺供的电量 | |
| | | 预安排停电平均缺供电量（AENT-S） | 在统计期间内，平均每次预安排停电缺供的电量 | |
| | | 故障停电平均缺供电量（AENT-F） | 在统计期间内，平均每次故障停电缺供的电量 | |
| | 停电平均持续时间指标 | 预安排停电平均持续时间（MID-S） | 在统计期间内，预安排停电的每次平均停电小时数 | |
| | | 故障停电平均持续时间（MID-F） | 在统计期间内，故障停电的每次平均停电小时数 | |
| | 考虑外部影响的指标 | 外部影响停电率（IRE） | 在统计期间内，每一用户因供电企业管辖范围以外的原因造成的平均停电时间与用户平均停电时间之比 | |

续表

| 指标类型 | | 指标名称 | 定义 | 指标来源 |
|---|---|---|---|---|
| 参考指标 | 基于设施的指标 | 设施停运停电率（FEOI） | 在统计期间内，某类设施平均每100台（或100km）因停运而引起的停电次数 | DL/T 836.1—2016 |
| | | 设施停电平均持续时间（MDEOI） | 在统计期间内，某类设施平均每次因停运而引起对用户停电的持续时间 | |
| | | 线路故障停电率（FLFI） | 在统计期间内，供电系统每100km线路（包括架空线路及电缆线路）故障停电次数 | |
| | | 架空线路故障停电率（FOLFI） | 在统计期间内，每100km架空线路故障停电次数 | |
| | | 电缆线路故障停电率（FCFI） | 在统计期间内，每100km电缆线线路故障停电次数 | |
| | | 配电变压器故障停电率（FTFI） | 在统计期间内，每100台变压器故障停电次数 | |
| | | 出线断路器故障停电率（FCBFI） | 在统计期间内，每100台出线断路器故障停电次数 | |
| | | 其他开关故障停电率（FOSFI） | 在统计期间内，每100台其他开关故障停电次数 | |

总体而言，IEEE Std 1366—2012 与 DL/T 836.1—2016 的相同之处如下：

（1）均从停电时间、停电频率、停电负荷方面对配电网供电可靠性水平进行评估。

（2）均有对持续停电和短时停电进行考察的指标。

（3）均有系统用户指标、停电用户指标、长时间停电指标、重复停电指标、基于负荷的指标和短时停电指标。

IEEE Std 1366—2012 与 DL/T 836.1—2016 的不同之处如下：

（1）IEEE Std 1366—2012 不区分用户电压等级；DL/T 836.1—2016 将用户分为高压用户、中压用户和低压用户，并分别列出了不同电压等级用户所适用的供电可靠性指标。

（2）IEEE Std 1366—2012 倾向于总体评估，不区分预安排停电和故障停电；DL/T 836.1—2016 对系统平均停电时间、系统平均停电频率和系统平均短时停电频率等指标依据外部影响、系统电源不足限电等情况进行了细分，并提出了这些指标在预安排停电和故障停电情况下分别进行统计的参考指标。

（3）IEEE Std 1366—2012 对持续停电与短时停电倾向于分别评估，除多次停电用户的比率指标外，没有同时统计持续停电与短时停电情况的指标；DL/T 836.1—

2016中平均供电可靠率、系统平均停电时间、系统平均停电频率等指标对于停电情况的统计不区分持续停电与短时停电，仅在其细分指标中体现该指标仅统计持续停电时的情况。

（4）IEEE Std 1366—2012仅对用户的供电可靠性情况进行评估；DL/T 836.1—2016中除了对用户的供电可靠性情况进行评估之外，还有对电网设施的可靠性水平进行评估的指标。

（5）DL/T 836.1—2016中提出了对停电用户数和缺供电量进行统计的指标。

总之，无论是IEEE Std 1366—2012还是DL/T 836.1—2016，目前的供电可靠性评价标准对于供电持续性的考察评估内容已较为全面细致。

#### 1.3.3.2　基于负荷点的供电可靠性指标

对于配电网中的负荷点来说，主要的故障指标有年平均故障次数（故障率）$\lambda$、平均每次故障持续时间$r$，年平均停电总时间$U$和停电引起的电量损失$E$。各个指标的具体涵义如下：

（1）电网中负荷点的故障率$\lambda$是指该负荷点到某一时刻保持持续供电尚未发生故障，在该时刻之后单位时间内发生故障的次数。通常选用一年作为一个单位周期，单位为次/年。

（2）故障持续时间$r$表示负荷点平均每次发生故障的持续时间，通常单位为小时。

（3）年平均停电总时间$U$为故障率和平均每次故障持续时间的乘积，其单位通常为小时，其数学公式可表示为

$$U = \lambda r \tag{1-1}$$

（4）每年停电引起的电量损失$E$的计算方法为

$$E = UP \tag{1-2}$$

式中　$P$——负荷停电引起的少供的电量。

根据上述负荷点的指标可以求出以下系统的可靠性指标值：

**1. 系统平均停电频率（System Average Interruption Frequency Index，SAIFI）**

$SAIFI$是指每个由系统供电的用户在每单位时间内的平均停电次数。它可以用一年中用户停电的累积次数除以系统供电的总用户数来估计，即

$$SAIFI = \frac{\sum_{i=1}^{N} \lambda_i N_i}{\sum_{i=1}^{N} N_i} \tag{1-3}$$

式中　$\lambda_i$——负荷点$i$的故障率；

$N$——负荷点数；

$N_i$——负荷点 $i$ 的用户数。

**2. 系统平均停电持续时间（System Average Interruption Duration Index，SAIDI）**

$SAIDI$ 是指每个由系统供电的用户在一年中经受的平均停电持续时间，用一年中经受的停电持续时间的总和除以该年中由系统供电的用户总数来计算，即

$$SAIDI = \frac{\sum_{i=1}^{N} \lambda_i r_i N_i}{\sum_{i=1}^{N} N_i} \tag{1-4}$$

式中 $\lambda_i$——负荷点 $i$ 的故障率；

$r_i$——负荷点 $i$ 的故障平均持续时间；

$N$——负荷点数；

$N_i$——负荷点 $i$ 的用户数。

**3. 用户平均停电持续时间（Customer Average Interruption Duration Index，CAIDI）**

$CAIDI$ 是指每个由系统供电的用户在一年中平均每次经受的停电持续时间，用一年中经受的停电持续时间的总和除以该年中由系统供电的停电户次数总和来计算，即

$$CAIDI = \frac{\sum_{i=1}^{N} \lambda_i r_i N_i}{\sum_{i=1}^{N} \lambda_i N_i} \tag{1-5}$$

式中 $\lambda_i$——负荷点 $i$ 的故障率；

$r_i$——负荷点 $i$ 的故障平均持续时间；

$N$——负荷点数；

$N_i$——负荷点 $i$ 的用户数。

**4. 用户平均停电频率（Customer Average Interruption Duration Index，CAIFI）**

$CAIFI$ 是指系统供电的用户中每个实际受到断电影响的用户所经受的停电次数，可以用一年中用户停电的累积次数除以受到停电影响的总用户数来计算，即

$$CAIFI = \frac{\sum_{i=1}^{N} \lambda_i N_i}{\sum_{j=1}^{M} N_j} \tag{1-6}$$

式中　$\lambda_i$——负荷点 $i$ 的故障率；

$N$——负荷点数；

$M$——负荷点中真正受到停电影响的负荷点数；

$N_i$——负荷点 $i$ 的用户数；

$N_j$——受到停电影响的负荷点 $j$ 的用户数。

**5. 平均供电可用率（Average Service Availability Index，ASAI）**

$ASAI$ 是指一年中用户经受的不停电小时总数与用户要求的总供电小时数之比，$ASAI$ 又被称为平均供电可靠率，即

$$ASAI=\left(1-\frac{SAIDI}{8760}\right)\times 100\% \tag{1-7}$$

**6. 用户平均停电缺供电量（Average Energy Not Supplied，AENS）**

$AENS$ 指在统计期间内，平均每个用户因停电而缺供的电量，即

$$AENS=\frac{\sum_{i=1}^{N}P_iU_i}{\sum_{i=1}^{N}N_i} \tag{1-8}$$

式中　$P_i$——负荷点 $i$ 的平均负荷；

$N$——负荷点数；

$N_i$——负荷点 $i$ 的用户数。

以上 6 个系统可靠性指标是评估配电网可靠性水平的关键指标，其中以系统平均停电持续时间 $SAIDI$（即用户平均停电时间 AIHC－1）和平均供电可用率 $ASAI$（即供电可靠率指标 RS－1）两个最为常用；而负荷点的可靠性指标（故障率 $\lambda$、故障修复时间 $r$、不可用率 $V$）并不作为评估配电网可靠性水平的指标，但是它们作为配电网可靠性计算的过程指标，是系统可靠性指标的基础，要得到系统可靠性指标，必须要先算出负荷点的可靠性指标。

### 1.3.4　南方电网公司提升可靠性工作方案

为了提升供电可靠性及安全生产管理水平，促进供电企业向精益化管理方向的转变，与国际接轨，南方电网公司在 2012 年制定的提升可靠性工作方案中，提出了 25 项提升措施共 77 条工作内容，其中与用户侧相关的提升可靠性工作内容共计 4 项提升措施、8 条主要工作内容，如表 1－3 所示。

**表 1－3　与用户侧相关的提升可靠性工作内容**

| 领域 | 提升措施 | 主要工作内容 |
| --- | --- | --- |
| 基础管理领域 | 七、推进终端用户可靠性管理 | 积极协助原电监会（现已并入国家能源局）开展终端用户供电可靠性评价规程编写及评价体系研究工作，为终端用户供电可靠性管理奠定基础 |
| | | 在深圳供电局试点开展终端用户供电可靠性管理。借鉴国际先进电力企业终端用户可靠性管理的主流做法，结合中低压配电网管理现状，开发终端用户供电可靠性管理信息平台，推进终端用户供电可靠性管理 |
| 供电服务领域 | 二十、加强用户设备管理 | 完善公司业扩工程管理有关流程和技术规范，积极促请行业主管部门将防止用户故障出门措施纳入用户配电设备典型设计标准，并在审图、验收阶段严格把关 |
| | | 加强用户侧存量配电设施安全运行管理，开展用户设备安全隐患评估，督促用户对发现隐患进行整改。发生过故障“出门”的用户，其隐患整改率达到100%。对多次发生故障“出门”的用户，在产权分界点加装故障隔离装置。力争2013年公司用户故障“出门”不超过9000次，其中，广东电网不超过1500次，广西电网不超过1400次，云南电网不超过2600次，贵州电网不超过2400次，海南电网不超过450次，广州供电局不超过200次，深圳供电局不超过450次；2014年至2015年，用户故障“出门”次数逐年降低 |
| | 二十一、加强需求侧管理 | 加强用户侧用电规范化管理，摸查恶性违章用电、未报审批私增负荷现状，形成用电管理规范化工作方案，提出有效解决措施。与政府部门积极沟通，在控制违章用电、保护电力设备方面争取政策支持 |
| | | 加强负荷预测和需求侧管理，编制三级限电序位表和紧急错峰预案，做好负荷平衡控制工作 |
| | 二十二、做好应急电源管理 | 按用电重要性质进一步细分用户，针对重要用户建立应急电源配置及运行状况等信息的档案，通过常态用电检查对其进行有效的管理，指导和督促客户建立起可靠性更高的应急电源保障 |
| | | 积极推动各级政府出台重要用户用电安全管理政策，加强与专业应急机构的联运，逐步建立起一支以应急发电机和应急发电车为主的应急队伍，为重要用户的应急保障提供支援力量 |

由此可见，南方电网公司已从各个方面对用户的供电可靠性保障和提升工作提出要求，但与现行的供电可靠性评估指标体系一样，仅考虑了从持续性方面提出供电可靠性的提升措施，没有考虑电能质量对用户侧供电可靠性的影响。因此，可考虑增加对电能可用度的考核指标，考虑电能质量问题对用户负荷的影响，从供电持续性与供电质量两个方面，更加全面地对用户侧供电可靠性进行评估。

# 1.4　配电网供电可靠性评估的传统影响因素

## 1.4.1　网络接线模式

国内配电网接线模式主要包括单电源辐射接线（图 1-3）、分段联络接线（图 1-4）、环式接线（图 1-5）、$N-1$ 主备接线（图 1-6）。可靠性由低到高的顺序依次是单电源辐射接线模式、环式接线模式、分段联络接线模式和 $N-1$ 主备接线模式。

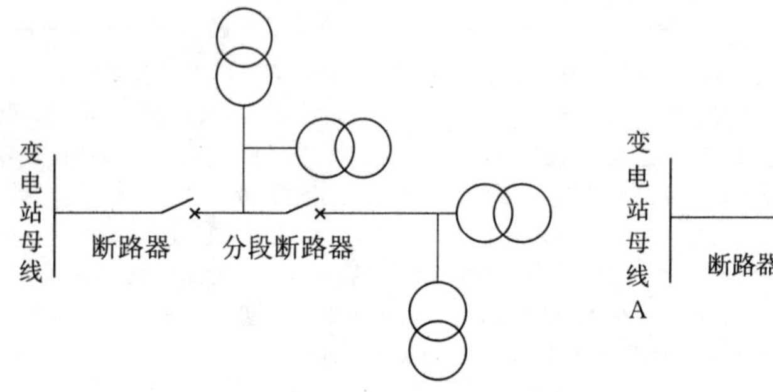


图 1-3　单电源辐射接线模式

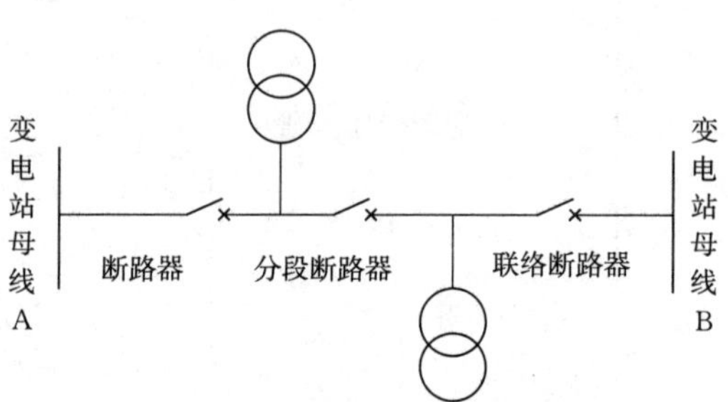


图 1-4　分段联络接线模式

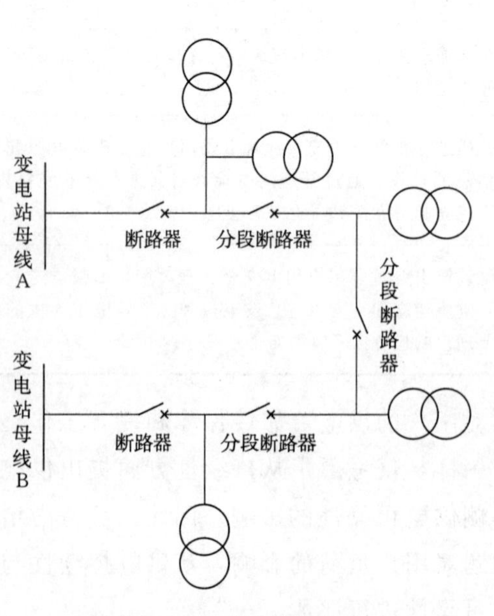


图 1-5　环式接线模式

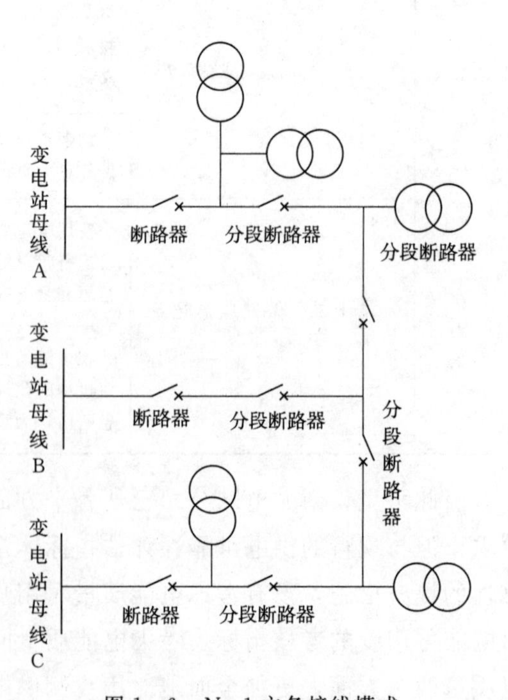


图 1-6　$N-1$ 主备接线模式

**1. 单电源辐射接线模式**

单电源辐射接线模式的优点是经济、配电线路短、投资小、新增负荷时连接比较方便。缺点主要是故障影响时间长、范围较大，用户侧供电可靠性较差。

**2. 分段联络接线模式**

分段联络接线模式通过在干线上加装分段断路器把每条线路进行分段，并且每一分段都有联络线与其他线路相连接。当任何一段出现故障时，均不影响另一段正常供电，这样使每条线路的故障范围缩小，提高了用户侧供电可靠性。与环式接线模式相比，分段联络接线模式提高了馈线的利用率，但线路投资也相应增加。

**3. 环式接线模式**

环式接线模式的可靠性水平整体上比单电源辐射接线模式高，但不同环式接线模式在可靠性上有所差别。图 1-5 中的环式接线模式中有两个电源，取自同一变电站的两段母线或不同变电站，正常情况一般采用开环运行方式，其用户侧供电可靠性较高，运行比较灵活。但是如果自动化程度不高，线路或设备发生故障，负荷转供需运行维护人员到现场操作，那这种接线方式的优势将大打折扣。

**4. *N*-1 主备接线模式**

*N*-1 主备接线模式是指由线路连成环网，其中有条线路作为公共的备用线路，正常时空载运行，其他线路都可以满载运行，若有某条运行线路出现故障，则可以通过线路切换把备用线路投入运行。该种模式随着 N 备接值的不同，其接线的运行灵活性、可靠性和线路的平均负载率均有所不同。一般以 3-1或 4-1 的接线模式为佳，总的线路利用率分别为 66%和 75%。备接值更高的模式接线比较复杂，操作也比较繁琐，同时联络线的长度较长，投资较大，线路载流量利用率的提高已不明显。这种主备接线模式的优点是用户侧供电可靠性较高、线路的理论利用率也较高。该方式适用于负荷发展已经饱和、网络按最终规模一次规划建成的地区。

## 1.4.2 中性点接地方式

目前我国主要采用的配电网中性点接地方式有中性点不接地、中性点低阻接地、中性点谐振接地三种。

**1. 中性点不接地**

中性点不接地方式结构简单、用户侧供电可靠性高，主要适用于电网电容电流较小（小于10A）的电网。中性点不接地系统抑制弧光过电压方面能力差，发生单相接地故障时非故障相的最大过电压幅值达$3.5U_{\Phi}$，且与继电保护配合有一定的难度，还容易发展成为亮相短路事故；但因为可以带故障运行2h，综合费用低，我国在早期特别是在农村地区广泛应用此方式。

**2. 中性点低阻接地**

中性点低阻接地方式可以大幅度限制工频熄弧过电压，发生单相接地故障时非故障相的最大间歇性弧光过电压幅值仅为$3U_{\Phi}$，但用户侧供电可靠性不高，采用低阻接地方式的配电网必须有足够多的备用线路来保证故障线路被迅速切除后的负荷供电。这种方式投资较大，经济制约明显，因此在以电缆为主的电网中采用中性点低阻接地方式较为合理。

**3. 中性点谐振接地**

中性点谐振接地又称中性点经消弧线圈接地，具有用户侧供电可靠性高、人身安全与设备安全性好、通信干扰小等优点，但传统的消弧线圈抑制弧光过电压方面的能力不强、保护装置选择性差，人工调谐困难。随着微机选线技术的提高以及自动跟踪消弧线圈技术的成熟，以上问题逐步得到解决，经消弧线圈接地方式的优越性越来越明显，因此在电网改造中推广和优化经消弧线圈接地方式是较好的选择。

### 1.4.3 配电电压等级

在电压等级较高的线路上，需要花更大的代价才能达到电压等级较低的线路同样的可靠性指标。电压等级较高的线路具有向更远距离供电和向更多用户供电的能力，因而线路长度难以避免地增加，因此在规划较高电压等级的系统时应考虑可靠性问题。根据国外对一般性馈线的供电长度和宽度的分析，为了得到最好的可靠性，较高电压等级的线路应该更宽更长，而不仅仅是更长，如表1-4所示。

表1-4 最佳可靠性条件下的主线长度和支线长度

| 电压等级/kV | 主线长度/km | 支线长度/km | 主线与支线长度之比 |
|---|---|---|---|
| 13.8 | 2.43 | 1.53 | 1.59 |
| 23 | 2.91 | 2.12 | 1.37 |
| 34.5 | 3.36 | 2.75 | 1.22 |

通常，较高电压等级的线路仅仅是设计得很长，这使得可靠性变差。长而薄弱的主线，再加上从主线引出的短支线，导致此类馈线的可靠性较差。

### 1.4.4 负荷密度

负荷密度是每平方公里的平均用电功率值，它是表征负荷分布密度程度的量化参数。

对于常规的放射式线路，较长的线路必然导致较高的停电概率，因此线路长度对年平均停电次数的影响较大。由于线路长度往往由负荷密度决定，一个地区的负荷密度越高，线路长度越短，该系统的年平均停电次数 SAIFI 往往较小，用户侧供电可靠性越高。

在变电站容量一定时，对于同一种网络结构，用户侧供电可靠性指标随着负荷密度的增大而增大。这主要是由于随着负荷密度的增大，变电站的供电半径减小，变电站到负荷的线路长度也会相应缩短，而在单位长度线路故障率一定的情况下，线路的平均故障率与线路长度成正比，因此配电网的供电可靠性指标就会相应提高。

### 1.4.5 供电半径

就简单的单端网络结构而言，供电半径的合理选取对系统的供电可靠性有一定影响，影响的效果主要和线路的单位长度年平均故障率和其他元件的故障率有关。通常供电半径越小，供电可靠性越高。如果供电半径过大，配电线路在运行中会经常发生跳闸事故，不但给供电企业造成经济损失，而且还影响广大城乡居民的正常生产和生活用电。线路故障可能是由绝缘损坏、雷害、自然老化或其他原因造成。其中，绝缘损坏是指高空落物、树木与线路安全距离不足等造成的故障，与沿线地理环境有关，一般认为绝缘损坏率与线路长度成正比；雷害造成的故障与避雷器的安装情况有关，雷害故障率大体上与避雷器安装率成反比，与避雷器自身故障率成正比；自然老化引起的故障与线路设备、材料有关，对同一类设备、材料，自然老化率与线路长度成正比。当配电网络结构布局不合理、供电半径大、供电面广时，停电往往是一停一片、一停一线，严重影响配电网用户侧的供电可靠性。

线路上的电压降落主要与导线截面积、线路长度和负荷大小有关。当负荷大小不变时，线路压降主要由输电线路长度，即供电半径决定。当供电半径过大时，线路电压偏差增大，会使线路末端电压偏低，影响用户的电能质量。

### 1.4.6　电缆化率

我国许多城市电网的构成主要依靠架空线路。架空线路主要依靠电杆，城市用电量的增加导致出现电线纵横交错的现象，除了影响市容，还经常遭受道路两边的树枝干扰，假如巡线不到位，没能及时修剪树枝，就会产生安全隐患，影响城市正常供电。采用电缆线路进行供电，提高电缆线路长度在总线路长度中的占比，可以有效解决以上问题。并且由于电缆线路敷设在地面下，受气候条件、污区等级等外界因素的影响小，故障率处于相对较低水平，因而能够有效提高配电网的用户侧供电可靠性。国外的先进地区已经把电缆化作为城市化建设的指标，我国虽然也取得了不错的成绩，但由于开发时间较短，与发达国家还存在很大差距，因此我国城市在实现电力电缆化方面的任务还比较艰巨。

虽然电缆线路的故障率较低，但地下电缆的故障是持久性的，由于电缆检测、清除和修复故障需要较长时间，电缆故障往往会引起长时间停电。为了保证电缆化率的提高能够提升配电网的用户侧供电可靠性，电网规划应更加合理，增加科技含量，重视施工质量；电网的调度工作应及时开展，提高工作人员处理故障的能力和应变能力。

### 1.4.7　设备损坏率

设备损坏率是指某种设备在运输、保管、销售过程中外包装出现损坏或物品损坏时，其损坏数量占该设备总数的百分比。设备损坏率是影响系统故障停电的一个重要因素。设备损坏，如变压器、电容器、电缆连接器、绝缘子、连接器等的损坏会引起故障。在架空线路中，设备损坏通常占故障总量的比例很低，因为架空线路上的大多数故障是暂时性故障；在电缆线路中，大多数故障是由设备损坏引起的。

设备损坏构成了特别的风险，对电网安全具有严重后果。变压器应受到特别关注，因为它们是最常见的，其损坏发生率是很重要的数据。通常，变压器的损坏发生率大约为每年 0.5%。最常见的损坏模式是从匝间绝缘击穿开始的。变压器的绝缘在变压器的整个寿命期内一直在老化，长期过负荷、局部放电、接触不良等原因产生的高温是绝缘介质老化的主要原因之一。

变压器或电容器等设备的内部故障会导致设备严重损伤，爆炸性的损坏还会危及工作人员和公众，应当采取有效的故障保护，了解内部损坏的特性也有助于防止这类事故。必须合理地熔断设备，熔断器配置必须保证一旦设备发生内部损坏，能在设备破裂或喷油之前将设备从系统中隔离出来。

减少设备损坏率首先要找到大多数有问题的设备，其次是对重要线段上的损坏设备进行更换。使用年限长、产品型号老旧的设备故障率相对较高，对使用年限超过15年或型号陈旧的设备应及时进行更新和更换。在电网改造中，要尽量采用免维护和少维护的先进设备，延长设备检修周期。新建变电站的开关、断路器等应选质量好、可靠性高、少维护和少检修的设备。

## 1.4.8 其他电力因素

### 1. 配电网自动化技术

（1）缩小故障影响范围。配电网自动化技术可以有效缩小故障影响范围，实现对线路运行中各个开关的智能化管控，从而在故障发生时快速定位故障点。

（2）缩短故障处理时间。在电力系统供电故障发生后，配电网自动化系统能够在最短时间内恢复向非故障区域送电，同时还能够为检修人员提供准确的故障判断区域，有利于快速恢复故障区域供电工作。

（3）维护供电可靠性。供电可靠性的实现，需要以良好的配电网自动化建设与维护为基础，并通过延长设备使用寿命来确保配电系统运行的安全。在实际工作中，需要进一步对配电系统进行优化，有效降低系统运行的电力损耗，并在保证电力资源稳定和持续供电的基础上实现配电线路的合理设计。

### 2. 分布式电源接入（风力发电、光伏发电等）

（1）提高系统的供电可靠性。孤岛作为分布式电源接入配电网后产生的一种新的运行方式，可以通过建立计划孤岛实现下游馈线中孤岛范围内的负荷点继续得到电力供应，进而提高系统的供电可靠性。

（2）降低电网运行损耗。根据电网的负荷大小合理优化分布式电源接入的位置，设计电源容量，从而达到最大化降低电网运行损耗的目的。

### 3. 储能技术

储能技术的最大优势是能够有效解决大规模可再生能源接入电网所引起的功率波动。储能电站具有充电和放电两种工作状态，既可以作为负荷消耗电能，又能够作为电源为电网提供电能，实现了发电、用电在时间和空间上的分离。

总体来看，储能技术能够提高配电网的供电可靠性，提高的程度随着接入位置和接入容量的不同而不同。负荷越大的接入地点，供电可靠性的提升越明显；接入容量未饱和时，供电可靠性随容量增大而提高。

**4. 微电网**

微电网既可以并网运行，又能够孤岛运行来保证在恶劣天气下对用户的供电，因此可以提高电力系统的稳定性和可靠性，有利于提高电力系统的抗灾能力。

同时，微电网可以根据用户的需求供电，实现负荷分级，有利于电网企业向不同的用户提供不同的电能质量以及供电可靠性。

**5. 预防性维修策略**

（1）降低危险系数。预防性维修通过对设备定期进行系统检查或更换零件，保证设备处于良好的工作状态，降低危险系数，预防因设备故障导致的长时间停产。

（2）提高设备的使用寿命与利用率。

（3）存在的问题。若未通过切合实际的效果评估系统而贸然制定预防性维修计划，不仅会导致计划的实施没有明显的效果，而且还会增加人力与物力的浪费，造成减产。

### 1.4.9　气候因素

气候条件会影响配电网的用户侧供电可靠性。配电网都是处在不同的气候条件下运行的，其元件的故障率受外界气候条件的影响比较大。统计结果表明，随着所处气候条件的变化，配电网元件的故障率在大多数情况下也会发生变化。在某些气候条件下，元件的故障率可能比在最有利的气候条件下的故障率大许多倍。而且在恶劣气候条件下，系统发生多阶故障的概率远比有利气候条件下的概率大得多。

气候因素中对配电网用户侧供电可靠性影响最大的是雷害事故，其次是大风、雨雪天气。统计结果表明：雷害导致的故障原因主要有绝缘子和针瓶闪络、避雷器爆炸以及开关设备损坏等；大风、雨雪天气导致的故障原因主要有线路摆动导致相间短路、线路被异物缠绕或杂物因被吹到开关设备上导致短路故障等。

### 1.4.10　其他自然环境因素

污区等级是配电网供电可靠性的重要影响因素之一。在污染严重的地区及沿海地区会有化学污染和盐尘，会引起泄漏电流。线路绝缘子因污染在大雾情况下也会出现大面积污闪放电事故。环境污染对电网的主要危害有：①导致设备污闪放电；②加快设备老化。

另外，沿线树木也会威胁线路可靠性。由于巡视线路不够及时，树木生长超过了与导线的安全运行距离，没有及时砍伐，可能会导致线路接地故障，或树木烧损造成线路短路跳闸。

## 1.4.11　外力破坏

外力破坏造成的停电事件，按照引起的原因可分为人为责任（车辆破坏、施工、偷盗破坏引起）、杂物（结婚彩带、风筝鸟巢等因素造成）两大类。

**1. 人为责任**

近年来，输变电设施的外力破坏问题已经成为电网安全运行的重大隐患，盗窃、违章建房、违章施工、交通工具损坏线路、杂物等外力破坏事件屡屡发生。在外力破坏的各因素中，人为破坏因素占较大的比重，其中车辆破坏是人为责任的主要因素之一。防止这类故障的发生可以使用加固杆塔，在道路交叉口处或繁华街道的电线杆上涂抹反光漆，或在拉线上挂上相应的反光标识，对交通有影响的电线杆应该尽快移除，如果没有办法移除则须采取相应的保护措施。

同时，人为责任中盗窃破坏电力设备的次数正呈快速上升的势头，此类外力破坏较难控制。通过加强运行巡视，加强对盗割线路、破坏电力设施行为的打击力度，以及加强保护电力设施的宣传、提高人们保护电力设施的意识等办法，可以起到一定的作用。

**2. 杂物**

此外，由动物引起的故障经常也是造成断电的原因之一。跨接在带电导线与地之间或两根相导线之间的动物，会造成高度电离的、低阻抗的故障电流路径。动物可以引起暂时性故障或永久性故障，由动物引起的故障通常为单相对地故障。合适的套管防护加有护套的跳线可以有效防止大多数动物引起的故障。

## 1.4.12　用户事故

用户事故是指供电营业区内所有高、低压用户在所管辖电气设备上发生的设备和人身事故。由于用户过失造成电力系统供电设备异常运行，而引起对其他用户少送电或者造成其内部少用电的，或者供电企业的继电保护、高压试验、高压装表工作人员在用户受电装置处因工作过失造成用户电气设备异常运行，从而引起电力系统供电站设备异常运行，对其他用户少送电的，均称为用户事故出门。

目前配电网一般采取树干式放射状运行方式，在一条馈线上接有若干数量的公用变压器和专用变压器。如果这些配电变压器没有采取合理正确的保护装置，或者保护不匹配、存在死区，一旦低压用户设备或者属于用户的专用变压器、配电房、配电柜等设备发生故障，就有可能引起主馈线非选择性跳闸，造成停电面积扩大，影响接在同一条馈线上的其他用户的可靠供电。

随着我国国民经济的快速发展，城市用户对用户侧供电可靠性和电能质量的要求不断提高，减少用户事故出门对降低配电网事故跳闸次数、保证配电网连续可靠地运行、保证配电网广大用户的正常供电和减少配电网线路故障巡查的工作量都具有十分重要的意义。

## 1.5　配电网供电可靠性评估的研究热点

### 1.5.1　分布式电源接入

分布式发电是1978年美国在其《公共事业管理政策法》中提出的，具体定义为：与传统供电模式完全不同，以分散方式安装在用户附近的发电功率为数千瓦至50MW的小型模块式、与环境兼容的新型供电系统，用以满足电力系统和用户特定的要求，如电力调峰、建造备用电源或热电联供电站，为边远用户或商业区和居民区供电等。简而言之，分布式发电是不直接与集中输电系统相连的35kV及以下电压等级的电源，主要包括发电设备和储能装置。按照是否与电网连接，分布式发电可分为孤网分布式发电和并网分布式发电。前者是指大电网无法覆盖的偏远区域或海岛，利用风力发电、光伏发电、柴油发电等形式为用户提供电能；后者包括用户自备电源、热电联产、冷热电三联产等。按照一次能源形式，分布式发电可分为常规能源发电和可再生能源发电。前者的一次能源主要是化石燃料；后者的一次能源包括风能、太阳能、水能、地热能、潮汐能、生物质能等。根据储能形式的不同，分布式储能可分为电化学储能（如蓄电池储能装置）、电磁储能（如超导储能和超级电容器储能等）、机械储能（如飞轮储能和压缩空气储能等）、热能储能等。

作为新型的、具有发展潜力的发电和能源综合利用方式，分布式电源具有环境友好、发电方式灵活、能源种类多样、投资见效快等优点，极好地适应了分散电力的需求和能源分布。因此，大电网与分布式电源相结合被世界许多能源电力专家认为是21世纪电力工业的发展方向。大电网与分布式发电供能系统相结合，不仅有助于提高分布式电源的供能质量，有助于分布式发电技术的大规模推广应用、降低能耗，也有助于防止大面积停电，提高电力系统的安全性、可靠性和灵活性，增强电网抵御自然灾害的能力，对电网乃至国家安全都有重大的现实意义。

为克服当前以大机组、大电网、高电压为主的集中式单一供电方式的弊端，分布式电源越来越多地被接入配电网。但伴随着分布式电源接入电网，电网的结构、运行方式及其故障情况发生了一定的改变，使传统的配电网从简单的无源网络变成了复杂有源网络，其复杂性主要体现为：①电源、电网、负荷三者全面参与互动；②多元能源系统强随机性难以精准预测；③系统运行状态的不确定性大大增加；④并网运行方式与孤岛运行方式的切换问题等。

分布式电源的接入对于配电网供电可靠性而言是把双刃剑。

一方面，正常情况下，合理配置的分布式电源有助于缓解电网的过载情况和网络阻塞，增加供电能力，减轻电压骤降，降低设备运行压力和故障率。当含分布式电源的配电网发生故障时，传统的停电事故变成由断路器等保护装置将部分网络隔离成为孤岛，孤岛内的负荷将由隔离区域内的分布式电源进行供电，减少用户停电时间，在一定程度上对提高供电可靠性起到了积极的作用。但是，如果对形成的电力孤岛处理不当，其可能出现如下后果：

(1) 分布式电源在故障情况下可能会不能运行（需手动启动），甚至损坏，需几小时至几天的时间进行维修，造成供电中断。

(2) 由于系统中有功功率或无功功率的平衡问题，分布式电源不能提供较大的转动惯量和过载能力。而负荷和电源均随时间变化，且有很大的波动性，容易造成孤岛内开关动作频率过高，对配电网的元件造成伤害，严重影响负荷的供电可靠性。

另一方面，与传统电源相比，分布式电源的输出功率会随着自然条件（风速、日照强度）等外部因素的变化发生变化，具有不确定性和概率性。而且同一地理位置不同类型发电系统间或不同地理位置同类型发电系统间均具有相关性，且它们间的出力服从相关非正态分布；负荷间及其与电源间也同样存在相关性问题。当分布式电源的渗透率提高到一定程度后，系统的部分负荷必将由分布式电源主动承担，由于风电机组、光伏阵列等可再生分布式电源出力的波动性及其自身可靠性等原因，分布式电源的出力不足或退出运行可能会导致系统缺电；另外，在配电网因故障停运之后，根据IEEE 1547—2003的相关规定，为了保证检修人员的人身安全，尽快消除配电网故障，配电网中所有受故障影响的分布式电源必须短时退出运行，配电网可能需要黑启动。并网运行的分布式电源设备自身的可靠性、不适当的安装地点、容量、连接方式、保护配置、协调控制策略都可能恶化系统供电可靠性，甚至导致系统崩溃。这些都加重了接入分布式电源后配电网供电可靠性的评估难度。

因此，在对含分布式电源配电网可靠性进行评估时，必须充分考虑上述问题，才能符合工程实际。提出一套完善的含分布式电源配电网供电可靠性评估方法和评估模型，对于指导配电网建设改造和改善配电网管理具有重要意义。

### 1.5.2 需求侧响应

电力需求侧管理的理念起源于 20 世纪 70 年代的美国，全球石油危机的爆发使人们意识到仅仅通过扩大能源供应难以满足迅速增长的能源需求，必须从需求侧节约能源，并提高利用效率。1981 年美国学者 C. W. Gelling 正式提出了“需求侧管理”的概念，之后各国学者不断深入研究和发展，并在欧美等工业化程度较高的国家和地区推广实施。20 世纪 90 年代以后，电力市场的迅速发展使得需求侧响应在电网运行中的作用逐渐被重视，尤其在 20 世纪初加州电力危机之后，以电力市场为基础、以动态定价为主流的需求侧响应逐渐从传统需求侧管理项目中脱颖而出，并得到广泛的研究和应用。

需求侧响应是指在不同市场化程度下，通过行政、经济、法律、技术等措施引导和鼓励电力用户主动改变用电方式、合理用电，促进电力资源的优化配置，保证动力系统经济、安全和可靠运行的管理工作。需求侧响应可以引导和激励用户改变电力消费模式，减少装机容量，削峰填谷，并能增加电网应急能力，通过改善系统充裕度、提高现有发电容量相对于负荷需求的满足水平、缓解输电网约束的方式来提升供电可靠性，最大化发电使用效率，提高系统的效率和经济性。

需求侧响应按作用机制可分为激励型和价格型两种。激励型需求侧响应是指供电企业通过电费折扣或激励支付的方式鼓励和引导电力用户参与系统所需的负荷削减项目。如家用空调、加热器等设备，采用直接负荷控制、可中断负荷控制和容量/辅助服务计划等措施，在电力系统安全受到威胁或者电价较高时可以及时响应，达到削减负荷的目的。激励型需求侧响应为电力系统提供了灵活可控的资源，有利于系统的安全稳定运行。价格型需求侧响应是指当电力系统电价发生变化时，电力用户自觉改变自身的用电行为，通过削减用电量、改变用电方式或将用电时间调整到低电价时段等方法，达到减小电费支出的目的，常见方式包括分时电价、尖峰电价、实时电价等。价格型需求侧响应主要依靠用户的主动参与，其负荷优化效果来源于用户通过内部的经济决策来实现负荷调整。

可中断负荷是指那些在特定时段允许有条件停电，并给予一定补偿的特殊负荷。一般来说，这些负荷本身对供电可靠性的要求不是太高，在一定的经济补偿下，对小概率的停电事故可以容忍。作为需求侧管理中的一项重要措施，当配电网在发展过程中受到自身容量的限制时，如容量越限、电压越限等，可中断负荷能够快速响应参与到系统的调度当中，从而缓解安全运行约束问题和电力供应的紧张局面，有效保证人民生产和生活用电，同时也缓解了发电厂扩建的问题。可中断负荷主要通过用户能量管理系统和电网调度系统的管理来保证系统功率平衡，同时给用户提供差别服务，保证关键负荷享受优先服务，提高重要负荷的电能质量和可靠性，具有较快的响应速度，能够有效调动用户互动的积极性。

智能电网环境下，需求侧管理已经成为削减电力高峰负荷，平衡电力供需缺口的重要手段。我国电力供需不平衡问题长期存在，问题一直较为突出。历史上，电力供需矛盾主要是发电装机容量不足，其特征为区域性、季节性、时段性电力短缺，属于“硬缺电”。“十二五”期间，由于风电、光电等新能源电力的超常建设，到2014年年底，我国人均发电装机容量已接近1kW；风电、光电等的分散性、间歇性、非连续性等固有特性，使得电力系统的可靠性下降、电力供需不平衡问题加剧，特别是在内蒙古、吉林等新能源电力基地化建设地区，问题尤为突出，电力供需不平衡问题呈现出新的特征，即所谓“软缺电”。在未来相当长的时期里，预计我国新能源电力建设仍将处于快车道，新能源电力装机容量占全国发电装机容量的比重将快速上升，由此带来的电力供需不平衡问题有可能越来越突出。如何通过电力需求侧管理有效缓解新能源电力带来的供需不平衡、有效消纳新能源电力，是当前以及今后电力需求侧管理面临的重大挑战。因此，在配电网供电可靠性评估和配电网规划中，考虑需求侧管理和需求侧响应在促进电力系统供需平衡和提高电网供电可靠性方面的积极影响和重要作用，是未来电力领域研究的热点。

### 1.5.3　电能质量

电能质量问题可以定义为任何导致用电设备故障或不能正常工作的电压、电流或频率的偏差，其内容包括电压偏差、频率偏差、电压波动与闪变、三相不平衡、波形畸变（谐波）、电压暂降和短时中断等。针对这些电能质量问题，表1-5介绍了主要的电能质量主要评估指标及其统计方法。

**表1-5　电能质量主要评估指标及其统计方法**

| 技术指标 | 评估指标 | 测量时间 | 监测周期 |
|---|---|---|---|
| 电压偏差 | 电压偏差 | 10min | 至少1周 |
| 频率偏差 | 频率偏差 | 1s，3s或10s | — |
| 电压波动与闪变 | 长时闪变 | 2h | 1周 |
| 三相不平衡 | 负序电压不平衡度 | 10min | 1周 |
| 谐波 | $THD_u$/SATHD | 3s、10min或2h | — |
| 间谐波 | 间谐波电压含有率 | 3s | — |
| 电压暂降和短时中断 | $SARFI_{90}$ | 事件开始至结束 | 系统指标至少1年 |

**1. 电能质量的必要性**

过去，我国电网的发展水平较为落后，供电可靠性工作的要求是确保电源充足、减少持续停电事件，只考虑电网侧的电力供应是否中断。如今计算机、微处理控制器等敏感用电设备广泛应用，用户对供电质量的要求越来越高，部分电能质量问题常常会导致保护误跳闸、设备无法启动等用户用不上电的情况。同时用户的话语权和选择权日渐提升，用户对供电服务的满意度已成为供电企业的核心竞争力之一。因此，供电企业必须重视影响用户“能否正常用上电”的电能质量问题，在供电可靠性工作中兼顾用户用电体验和电能质量。

虽然绝大多数情况下电能质量问题不会引起电力系统的供电中断，不会引起现行供电可靠性指标的恶化，但却常常会导致用户的重大损失，严重程度甚至超过持续停电事件，从用户用电体验角度考虑，电能质量问题影响到用户用电持续性的情况都应该纳入供电可靠性的考察范围。低电压、电压暂降和短时中断问题对用户用电体验的影响与停电事件较为相近，在用户投诉中常常被同等描述为：设备突然停运或无法启动，用户无法正常用电。

**2. 常见的电能质量问题**

在持续性的电能质量问题中，电压偏低对供电可靠性的影响最为明显，常常引起供电并未中断但用电设备无法启动、用户无法用电的情况；而事件性的电能质量问题中，电压暂降和短时中断对供电可靠性的影响最为明显，通常会导致用户低压保护跳闸断电、设备停运或重启等情况。

(1) 电压偏低。照明设备、空调、电动机等传统机电负荷对瞬时性电能质量问题的敏感度较低，此类用户的投诉重点在于停电和低电压问题。例如，某城中村配电网由于配电变压器容量不足，线路过长且线径面积小，导致长期存在低电压问题，台区电力用户投诉严重，常常出现水泵、空调不能启动、电视机无法正常工作等情况。对该台区进行改造后，供电量比改造前增加了一倍。可见，电压偏低问题抑制了用户用电行为，在某些时段造成用户无法使用用电设备的情况，从用户的用电体验角度而言，这种情况与停电的影响类似。

(2) 电压暂降和短时中断。电压暂降和短时中断是最常见的电能质量问题，其发生的次数远高于持续停电的次数，给用户带来的危害并不比持续中断小。工业过程设备如可编程控制器（PLC）、调速器（ASD）、计算机和接触器等对电压暂降比较敏感，如果生产环节中的个别设备遭受电压暂降后停运或者重启都会影响整个工作流程。

配电网中广泛采用具有欠压（失压）脱扣功能的低压断路器来保证供电可靠性指标，而低压断路器中的低压脱扣器对电压暂降和短时中断十分敏感。当电网发生电压暂降时，低压脱扣器可在10ms左右动作脱扣跳闸。低压脱扣器动作后，供电部门往往要在用户投诉后才能得知断电事故，而且重合闸工作量大，这个耗时较长的复电过程会对配电网供电可靠性造成较大影响。

显然，电压暂降和短时中断对用户供电可靠性的影响不亚于持续停电，但在传统供电可靠性评估中并未考虑此类情况，供电可靠性指标也不能体现其影响，这必然会导致用户对供电可靠性的感受远差于供电企业的可靠性统计值，供电企业提供的供电可靠性数据难以令用户信服。因此，在开放的电力环境中，配电网供电可靠性的评估和管理工作不应局限于考核供电系统是否停电，而应从用户的角度来理解供电可靠性，以用户是否能持续不断地用电作为评判标准，在供电可靠性工作中兼顾用户的用电体验和电能质量，确保可靠性的管理和投资能够最大限度地提升用户对电网供电可靠性的满意度。

**3. 电能质量问题的研究现状**

(1) 研究背景。电能质量问题正逐步受到电力供应商和电力用户的共同关注。传统的机电负荷主要是照明、加热器、电动机等设备，并且生产线各工序及设备之间相互隔离，没有实现自动化。因而，传统负荷对电能质量的评估指标就是电压偏差、频率偏差和供电连续性。这类负荷对短时间的电压变化没有反应，只在供电长时间中断时才不能正常工作。随着电力负荷数字化和电子化的发展，负荷结构的变化使电能质量问题不再等同于停电，更多地表现在动态电压质量问题上，尤其是电压暂降和短时中断。当系统出现电能质量问题时，往往不会直接造成系统停电，而是造成设备停产、数据丢失等后果。这种供电质量是基于用户直接感受到的电能质量，而不是按供电企业自己制定的标准来评估。即使没有停电，但因电能质量不良而导致用户设备停机或出次的情况，仍应看作电能质量不合格。因此，随着这类动态电能质量问题的频繁出现，人们对电能质量的基本概念和具体要求也发生了根本性的变化，在供电可靠性的基础上又衍生出了新的供电质量概念。

实际上，2004 年，美国能源部就专门进行分析、调研，在此基础上提出电能质量问题就是供电可靠性问题，特别是在信息工业高速发展的情况下，供电可靠性指标必须考虑电能质量指标。南非电监局 2002 年发布南非电能质量管理导则，明确提出每年度公布电能质量年度统计报告和各电力公司电能质量的数据信息。澳大利亚 1999 年就成立了电能质量与供电可靠性中心，主要研究分析电能质量与供电可靠性的关系。

(2) 国内外现状。对于国外的电力企业来说，开放的电力市场使得供电企业在对用户供电前能够应对不同的电能质量等级进行定价，用户根据自身的需求自由选择，从而保证供电的连续性及电能质量合乎用户的需求。但对我国来说，现阶段电力市场仍处于初级阶段，供售双方还未全面放开，供电企业难以实现按电能质量定价的方案。因此，进一步改善电能质量的工作基本上是在用户侧解决。而目前的供电可靠性指标只能反映系统长时间供电中断，难以反映电能质量引起的用户侧设备停运、生产中断等现象。未来电网用户侧供电可靠性必须能够反映稳态、暂态和瞬态电能质量问题的影响。随着各种电能质量敏感设备的应用，电能质量的范畴会进一步扩大，用户侧供电可靠性指标的分类将更细、要求将更高。

在对电能质量的认识进一步深入的大背景下，传统的电力系统可靠性概念所包含的内容已经难以适应客户特别是敏感设备对电力可靠供应的要求。此类负荷对电能质量指标诸如电压暂降、电压暂升、谐波、三相不平衡等非常敏感，虽然出现电能质量问题时并没有引起传统的供电中断，也没有引起传统意义的供电可靠性指标恶化，但是这些电能质量问题却可能引起重大的用户损失或引起重大的电力事故，进而引起供电可靠性问题（例如谐波对直流输电安全稳定的影响），此时的供电质量问题成为重要的供电可靠性指标，因此新形势下任何供电可靠性问题的讨论均应涉及电能质量问题。

例如某厂家生产硅晶片，任何持续事件超过 10 ms、电压降超过 10%的电压跌落对企业而言相当于一次供电中断，损失超过上百万美元，但这样的电压暂降事件电力系统根本无法感知，更不可能影响供电可靠性指标；在美国，每年由于电能质量下降所引起的经济损失高达数百亿美元；据美国电力科学研究院的粗略估计，当今电能质量相关问题在美国造成的损失为 260 亿美元/年。20 年前重合闸功能被认为是提高系统供电可靠性的有力手段，对于非永久性故障重合闸后能够持续向用户提供电力供应，没有哪一个用户关注如此短时间的电力中断问题；但是随着大量计算机及电子设备的应用，一次成功的重合闸就已经是一次电力中断事故了。

#### 4. 电能质量与供电可靠性的关系

在未来的电网中，电能质量与供电可靠性之间的关系更加密切。用户侧供电可靠性问题已经不仅仅体现在电网能够不间断地为用户提供电能，而更多地是指电网侧能够按照用户的用电需求不间断地为用户提供所需的优质电能。任何对用户用电行为有影响的电能质量问题都必须归纳到用户侧供电可靠性范畴内。

一般来说，电能质量与供电系统可靠性存在以下关系：

（1）以往供电可靠性是系统运行的终极目标，而当今形势下，合格电能质量的电力供应才是系统运行的终极目标；也就是说，电能质量问题本身就是供电可靠性问题，是传统可靠性概念的进一步延伸。

（2）传统的供电可靠性清楚地描述明显的电力中断事件，此类事件的物理现实是清楚可见的。电能质量事件常常发生在半个周波至几十毫秒内，系统无法感知，也无法清楚可见，但是对用户而言可能是一次严重的中断，因此需要用电能质量的观点去描述这样的供电可靠性事件。

（3）传统的供电可靠性目标是不随时间而改变的，即提供持续不断的电力供应；但电能质量指标的种类和特征却随着技术的进步而变化。以重合闸事件为例，当用户了解到重合闸过程是一个不到1s的电力中断事件，可为计算机配置UPS电源，从而顺利渡过这一短暂过程。此时对于计算机而言就不存在由这一电能质量事件导致的供电可靠性问题。如果所有敏感设备均配置UPS电源（或其他措施），目前所定义的电压暂降现象也就不再是电能质量事件了。

（4）电能质量问题还涉及电力系统安全稳定经济运行问题。

### 1.5.4 特殊负荷接入

《中国南方电网城市配电网技术导则》定义特殊负荷为产生谐波、冲击、波动和不对称的负荷，且超过允许限值需要采取限制措施的电力用户为特殊用户。该定义指出了特殊负荷具有的特性及其引起的电能质量问题。其中：谐波特性，指由于负荷的非线性、电力电子技术的应用等因素，电能质量干扰源会向公用电网注入谐波电流或在公用电网中产生谐波电压，是典型的谐波源；冲击特性，指负荷功率具有快速变动的特点，在较短的时间内负荷出现剧烈的上升、下降过程；波动特性，指电能质量干扰源的功率会在一定范围内不断波动，处于动态变化过程当中，且大多表现为随机性，无明显规律；不对称特性，指负荷会产生明显的三相不平衡问题，即三相电力系统中三相电压在幅值上不同或者相位差不为120°，或者兼而有之。

特殊负荷的特性决定了它接入系统后会成为电能质量干扰源，而电能质量干扰源接入系统所产生的问题极其复杂，既表现为一系列的电能质量问题，也会对配电网造成诸多不利影响。由于配电网处在电能输送的末端，电压低、损耗大，而电能质量干扰源的接入将会引起无功功率的大量流动，会导致电流增加，无功电流的冲击与波动将增加线路损耗，使供电的经济性下降。电能质量干扰源无法与其他负荷共用变压器进行供电，多需要大容量的专用变压器，这使得专用变压器的容量未得到有效利用，电力设施负荷率小、利用率低而且系统运行方式不灵活、检修困难。另外，由于无功负荷比重过大，变压器负荷较实际有功负荷增加近一倍，变压器铜损增加近一倍，铁损也陡然增加，变压器温度升高，导致变压器在运行中的安全性大大降低，且寿命严重缩短，维护周期严重缩短。同时，低功率因数运行将增加输变电设备的运行电流，引起输变电设备过载，且因传输大量无功电流而降低有功电能的传输容量，造成电气设备运行效率低、损耗大。此外，电能质量干扰源接入带来的无功冲击还将会降低电网可靠性，甚至对电网的安全运行造成隐患，缩短电气设备的寿命，在有些情况下还会使其他用户的生产受到影响，造成产品质量下降，产量减少。

## 1.6　本章小结

本章主要介绍了配电网供电可靠性的基本概念以及研究意义、现有配电网供电可靠性的评价指标及相关标准，以及目前配电网供电可靠性评估的研究热点。

（1）电力系统供电可靠性反映了电力系统持续产生和供应电能的能力。根据电力系统主要由发电、输变电和配电系统组成这一特点，可以将电力系统可靠性分为发电系统可靠性、输变电系统可靠性、配电系统可靠性。其中，配电系统对用户停电的影响最大，用户停电事件中大部分是由配电系统故障引起的，因此对配电系统更深入的可靠性研究势在必行。

（2）根据 DL/T 836.1—2016，统计用户可分为高压用户、中压用户和低压用户三类，并且每类用户所适用的供电可靠性统计指标也有所区别。供电系统状态可分为供电状态和停电状态两类，其中，停电状态又可分为持续停电状态和短时停电状态。

（3）现有配电网供电可靠性评价标准 IEEE Std 1366—2012 与 DL/T 836.1—2016 均从停电时间、停电频率、停电负荷方面对配电网供电可靠性水平进行评估，对于供电持续性的考察评估内容已较为全面细致。通过负荷点可靠性指标可求出系统可靠性指标，负荷点可靠性指标有故障率、平均每次故障持续时间、年平均停电总时间和停电电量损失等，系统可靠性指标包括系统平均停电频率指标、系统平均停电持续时间指标、用户平均停电持续时间指标等。

（4）配电网供电可靠性评估的研究热点包括考虑分布式电源接入、考虑需求侧响应和考虑电能质量。

1）分布式电源的接入对于配电网供电可靠性而言是把双刃剑。一方面，分布式电源的接入有助于提升电力供应中断时孤岛用户的供电可靠性；另一方面，分布式电源输出功率的不确定性和概率性可能导致电力供需不平衡，恶化系统供电可靠性。

2）需求侧响应可以引导和激励用户改变电力消费模式，减少装机容量，削峰填谷，缓解电力供应紧张的局面，改善系统充裕度，提高供电可靠性。

3）电能质量问题特别是低电压、电压暂降和短时中断问题对用户供电可靠性体验的影响不亚于持续停电，在供电可靠性工作中应兼顾用户的用电体验和电能质量，最大限度地提升用户对电网供电可靠性的满意度。

# 参 考 文 献


[1] 郭永基．可靠性工程原理 [M]．北京：清华大学出版社，2002：1-16.

[2] 程浩忠．电力系统规划 [M]．2版．北京：中国电力出版社，2014：107-109.

[3] 中华人民共和国国家电网公司．城市电力网规划设计导则：Q/GDW 156—2016 [S]．北京：中国电力出版社，2007.

[4] 唐正森．提高配电网供电可靠性措施的研究 [D]．长沙：长沙理工大学，2009.

[5] Billinton R，Billinton J E. Distribution system reliability indices [J]. IEEE Transactions on Delivery，1989，4 (1)：561-568.

[6] 辛阔，吴小辰，和识之．电网大停电回顾及其警示与对策探讨 [J]．南方电网技术，2013，01：32-38.

[7] 袁明军．配电系统可靠性评估方法与应用研究 [D]．济南：山东大学，2011.

[8] IEEE Transmission and Distribution Committee. IEEE guide for electric power distribution reliability indices：IEEE Std 1366—2012 [S]. New York：IEEE standards association，2012.

[9] 中华人民共和国电力行业标准．供电系统用户供电可靠性评价规程：DL/T 836.1—2016 [S]．北京：中国电力出版社，2016.

[10] 吴裕生．基于用户侧负荷优化的有源配电网可靠性评估 [D]．广州：华南理工大学，2017.

[11] 张鹏．电力需求侧管理改善电力系统可靠性的研究 [D]．保定：华北电力大学（河北），2006.

[12] 卢仁军，李然，王健，胡永新．考虑需求侧响应的新能源接入下的配电网无功规划研究 [J/OL]．电测与仪表，2020，57 (6)：46-51.

[13] 周佳林．综合考虑用户分级和DG对配电网供电能力影响的研究 [D]．北京：华北电力大学，2017.

[14] 黄宇腾，侯芳，周勤，付博，郭创新．一种面向需求侧管理的用户负荷形态组合分析方法 [J]．电力系统保护与控制，2013，41 (13)：20-25.

［15］ 周伏秋，王娟．我国电力需求侧管理工作面临的形势及建议［J］．电力需求侧管理，2015，17（2）：1－4.

［16］ 颜少伟．复杂配电网供电可靠性评估方法［D］．广州：广东工业大学，2015.

［17］ R Billinton，R N. Allan. Reliability evaluation of power systems，andedition［M］. New York：Plenum Press，1996.

［18］ 王昌照．含分布式电源配电网故障恢复与可靠性评估研究［D］．广州：华南理工大学，2015.

［19］ 王昌照，汪隆君，王钢，张尧，丁茂生．分布式电源出力与负荷相关性对配电网可靠性的影响分析［J］．电力自动化设备，2015，35（6）：99－105.

［20］ 刘丽媛．兼顾用户用电体验和电能质量的配电网供电可靠性评估研究［D］．广州：华南理工大学，2018.

# 第 2 章

# 用户侧供电可靠性分析理论基础

## 2.1　用户侧供电可靠性的拓展需求

### 2.1.1　背景分析

作为连接用户的最后一个环节，配电网的供电可靠性直接影响着电力用户的用电体验和对供电企业的满意度。2016 年 3 月国家能源局发布的《关于进一步深化电力体制改革的若干意见》，重点指出了要还原电力商品属性，开放售电市场。可以预见，随着近年我国电力市场的逐步开放和竞争机制的不断引入，电力用户可选择的空间增大，可以根据不同供电需求自主选择供电方案和供电方，用户对供电服务的满意程度将越来越受到电力企业的重视。同时，电力企业之间日益加剧的竞争压力迫使电力企业转变经营理念，更加重视用户的用电需求和用电满意度，也将更多的关注点投入到配电网中。提供更高水平的供电可靠性和供电质量，提升用户对供电企业的服务满意度和信任，已普遍成为电力企业当前的一项重点工作目标。

**1. 考虑配电网用户的真实用电体验**

由于电网发展水平和技术手段的限制，以往国内的配电网供电可靠性分析评估研究完全侧重于中高压配电网，对低压配电网和用户侧真实用电体验缺乏关注。另外，传统意义上的供电可靠性只考虑持续停电事件的影响。然而在实际应用中，随着用电设备对电能质量的要求越来越高，电网发生短时停电事件或电能质量问题都会导致用户侧的电能供应中断或无法正常使用。这类问题的用户投诉次数逐年递增，用户真正感受到的供电可靠性与供电企业统计的可靠性指标值存在一定差距。传统的电能质量问题如谐波、电压偏差、三相不平衡等问题长期存在，无论是电网的输电效率，还是用户的用电效率，都会受到影响。但更重要的是，这类电能质量会导致工业生产过程不够精确、不够稳定，引起良品率下降甚至生产成本增加的问题。

**2. 考虑电压暂降问题**

由于电压暂降发生时间短，在传统的供电可靠率统计中是不计入停电的，且一般认为不影响配电网的供电能力，但实际上很多用户会因为开关设备在电压暂降中发生低压脱扣而造成停电事实。在配电网中，由于操作失误、电网故障、外界因素（雷击、雷雨、环境污染等）、负荷快速波动等造成的电压暂降问题很多，供用电双方都逐渐认识到这个问题及其危害。不但如此，在南方电网范围内，东莞电网、深圳电网等均发生过由于主网的电压暂降导致大范围误跳闸失负荷的事故。可见，无论是供电侧还是用电侧，无论是何种原因导致的电压暂降问题，都会造成可见或不可见的电压暂降损失。

**3. 现有工作基础与需求**

随着新一轮电力体制改革的进行，竞争性电力市场逐步建立健全，电力用户有了更多根据自身需求偏好，自由选择并更换供电方的机会。为了提高市场竞争力，供电企业将转变自身经营理念，重视用户的用电体验和对供电服务的满意度，并将更多的关注投入到配电网供电可靠性与供电质量的管理与提升工作中。

近年来，供电企业已开展了大量供电可靠性管理工作，也注意到在实际中仍存在电网侧供电可靠性工作已十分有效，但用户体验到的可靠性水平却并不理想的情况。这是因为传统供电可靠性分析评估方法仅考虑停电对用户的影响，而随着用户设备对电能质量要求的提高，配电网中的电能质量问题也会导致用户无法正常用电甚至用电中断的情况，严重影响用户生产、生活的正常开展，用户向供电企业提出的相关投诉次数也逐年递增。这种情况导致供电企业的供电可靠性统计结果与用户实际体验到的可靠性水平之间存在较大差距，不仅降低了供电企业的服务水平和用户满意度，也对电网的售电效益造成直接影响，因此应对这种情况予以重视。

另外，随着近年来智能电表安装工作的不断推进，供电企业预计可以获得越来越多的用户用电数据和信息，海量用户侧电能数据的梳理应用成为供电企业面临的新问题。通过挖掘用户的电能数据，分析电能数据与用户体验到的真实可靠性水平之间的关联关系，进而建立通过电能数据表征用户用电可靠性的方法，以此指导开展用户侧的可靠性管理和提升工作，是一个可行且有效的应用途径。

我国当前的电力可靠性管理水平与一些发达国家相比还存在一定差距。部分发达国家的供电可靠性评估已涵盖了所有电压等级，指标体系完整，统计结果反映的供电可靠性水平比较接近用户获得的真实水平。而由于技术手段的局限和电网发展的历史因素，我国目前大部分的供电可靠性工作和研究都以中高压配电网为对象，面向所有用户的可靠性统计分析工作尚处于起步阶段。随着智能电表的应用和一表一户工作的开展，南方电网逐步将统计口径向终端用户拓展，开展了以终端用户为统计单位的供电可靠性统计。但是这只是将现有的供电可靠性指标简单地沿用到终端用户的计量表计处，与本书所提的用户侧供电可靠性不同。无论是中压用户口径的供电可靠性还是正在努力实现的终端用户口径的供电可靠性都是从电网角度判断电网的供电能力，电能质量等导致用户无法正常用电的其他因素并不在供电可靠性的考虑范围内。用户侧供电可靠性则是从用户角度判断用户是否能获得持续合格电能的能力。

## 2.1.2 用户侧供电可靠性的概念

传统的供电可靠性只关注“电网能够持续供电（通电）”，属于对电网网架结构和运行管理水平的考核，而且目前的统计范围仅计及公共连接点以上的中压配电网，计量点设置在10（6、20）kV配电变压器二次侧出线处或中压用户的产权分界点。随着智能电表安装工作的不断推进，统计范围预计可拓展至低压用户的进线单元，但仍仅对供电持续性进行考察，不考虑电能的可用度。

本书讨论的用户侧供电可靠性是以“电网的电力供应能否保障用户持续用上电”作为评判标准，旨在更真实地反映用户感受到的电网供电可靠性水平。用户侧供电可靠性的考察内容不仅要全面反映停电事故，更要考虑用户用电体验，在现有可靠性评价指标的基础上进行完善细化，具体包括：①用户侧电能供给的持续性；②用户获得的电能可用度。其主要包括电能质量问题（尤其是电压暂降和低电压）引起的系统不停电但用户停电或部分设备停运的情况。这种更贴近用户角度的供电可靠性评估不仅适用于供电企业对自身供电质量和服务水平的考核，也可作为电力市场中令供用电双方都认可的按质定价依据。对用户侧供电可靠性进行研究有助于指导电网企业提高服务水平和供电质量，减少用户投诉，提升客户满意度，在未来的电力市场竞争中占据更大优势。

## 2.1.3 隐性缺供电量的概念和价值

供电可靠性评价规程中的主要指标如供电可靠率、用户平均停电时间、用户平均停电次数、平均停电缺供电量等，从时间、次数和电量三个方面对供电的持续性进行考察。其中，停电缺供电量指供电系统停电期间对用户少供的电量。因电能质量不满足设备运行需求，造成用户负荷不停电却发生电能不可用的情况，由此产生的缺供电量，即隐性缺供电量。由于隐性缺供电量是在非停电情况下发生的，不计入供电可靠性统计中，因此在传统的分析中难以被定量评估和分析。

隐性缺供电量除了与电能质量问题严重程度相关外，也与用户设备的敏感度密切相关。电能质量敏感度越高的用户负荷，越容易产生隐性缺供电量。当用户的主要用电设备在非停电情况下由于电能质量问题而出现停运、无法启动等情况时，用户会产生隐性缺供电量且隐性缺供电量在原需用电量中占比较大，此时可认为用户发生了等效停电事件。

对隐形缺供电量进行统计和评估，一方面有助于供电企业更全面地了解配电网供电可靠性与电能质量水平，进而采取合适的提升措施，提高服务质量和用户用电体验；另一方面，隐性缺供电量也反映了供电企业售电量因电能质量而产生的隐性缩减，提高供电质量、释放用电负荷，可增加供电企业售电收益，从经济层面实现电网与用户的双赢。

### 2.1.4 用户侧供电可靠性的影响因素分析

对于绝大部分仅由电网供电的用户而言，供电可靠性是用户侧供电可靠性的基础，因此，影响供电可靠性的因素同样会作用于用户侧供电可靠性，例如网络接线模式、供电半径、气候因素、分布式电源等。同时，由于面向对象、考察内容等方面的差异，用户侧供电可靠性也存在部分专属的影响因素，例如用户用电需求和习惯、特殊负荷接入等。

当影响因素对通过传统供电可靠性评估指标统计得出的供电可靠性没有明显影响时，认为此影响因素仅影响用户侧供电可靠性，而不影响传统供电可靠性。

结合第1章对可靠性影响因素的分析，这里对上述提及的用户侧供电可靠性影响因素进行进一步区分，区分的结果如表2-1所示。

**表2-1　各种影响因素的区分结果**

| 分类 | 影响因素 | 与电能质量相关 |
|---|---|---|
| 仅影响用户侧供电可靠性 | 用户用电需求和习惯 | 电压暂降、电压偏差 |
| | 特殊负荷接入（电能质量干扰源） | 电压暂降、电压偏差 |
| | 电动汽车 | 电压偏差 |
| 既影响传统供电可靠性，也影响用户侧供电可靠性 | 网络接线模式 | 电压暂降 |
| | 中性点接地方式 | — |
| | 配电电压等级 | 电压偏差 |
| | 供电半径 | 电压暂降、电压偏差 |
| | 电缆化率 | 电压暂降、电压偏差 |
| | 设备损坏率 | — |

续表

| 分　类 | 影响因素 | 与电能质量相关 |
|---|---|---|
| 既影响传统供电可靠性，也影响用户侧供电可靠性 | 气候因素 | 电压暂降 |
| | 其他自然环境 | 电压暂降 |
| | 外力破坏 | — |
| | 负荷密度 | 电压暂降、电压偏差 |
| | 用户事故 | 电压暂降 |
| | 配电网自动化 | — |
| | 分布式电源接入（风力发电、光伏发电等） | 电压偏差 |
| | 储能技术 | — |
| | 微电网 | 电压偏差 |
| | 预防性维修策略 | — |

## 2.2　用户侧供电可靠性评估指标体系

用户侧供电可靠性评估指标体系从用户角度出发，兼顾持续性与可用度，能够有效弥补传统供电可靠性评估指标体系的不足，真实反映用户的停电情况及电能质量问题。可为供电企业提高用户侧供电可靠性、提升用户体验等工作提供指导，也可以成为按可靠性定价的有力参考指标。

### 2.2.1　常规供电可靠性指标

常规供电可靠性指标是现有标准 DL/T 836—2016《供电系统用户供电可靠性评价规程》已有定义的可靠性指标。目前，国内外普遍通过频次、持续时间和可靠率三个方面来评价供电可靠性，认为这三方面指标可基本反映供电的持续性水平。本书将其指标统计单位延伸至所有计费用户侧，包括 380V/220V 电压受电的低压用户及更高电压等级的独立计量用户。

由于计量精度以及重合闸等原因，在供电侧停电时间的实际统计中仅包括 3min 或 5min 以上的停电事件；但随着电网可靠性提升，短时停电所占比例将逐步提高，而不同用户对短时停电的接受能力差异较大，仅考虑持续停电事件显然不合理。因此，需要针对短时停电事故和持续停电事故分别设置用户平均停电时间指标。在评估指标体系中还设置了重复停电概率指标，以反映用户平均指标所无法体现的低压配电网内可靠性分布不均、停电事故集中发生于部分用户的问题。

**1. 平均供电可靠率**

统计时间内，所有计费用户获得可用电力供应的小时数与统计时间的比值，记作 $RS$，计算公式为

$$RS=\left(1-\frac{\sum t_m}{MT}\right)\times 100\% \tag{2-1}$$

式中　$t_m$——该配电网中第 $m$ 个计费用户在统计时间内的总停电时间；

$M$——该配电网中的计费用户总数；

$T$——统计时长。

**2. 用户平均短时停电时间**

统计时间内，所有计费用户经历短时停电的总平均小时数，记作 $AIHCL_{-1}$（h/户）。根据 DL/T 836—2016，将停电持续时间不大于 3min 的停电定义为短时停电，持续时间大于 3min 的称为持续停电。本书将 1～3min 的停电时间记为短时停电时间，1min 以内的停电记为短时中断，属于电能质量问题，计算公式为

$$AIHCL_{-1}=\frac{\sum t'_{mj}}{M} \tag{2-2}$$

式中　$t'_{mj}$——该配电网中第 $m$ 个计费用户在第 $j$ 次短时停电时的停电时间。

**3. 用户平均持续停电时间**

统计时间内，所有计费用户经历持续停电的总平均小时数，记作 $AIHCL_{-2}$（h/户），计算公式为

$$AIHCL_{-2}=\frac{\sum t''_{mj}}{M} \tag{2-3}$$

式中　$t''_{mj}$——该配电网中第 $m$ 个计费用户在第 $j$ 次持续停电时的停电时间。

**4. 用户平均停电次数**

在统计时间内，考虑持续停电和短时停电情况，所有计费用户的平均停电次数，记作 $AITCL$（次/户），计算公式为

$$AITCL=\frac{\sum m_j}{M} \tag{2-4}$$

式中　$m_j$——在第 $j$ 次停电时受影响的计费用户数。

**5. 重复停电概率**

统计时间内，每年停电次数超过 3 次的计费用户占整体用户的比重，记作 $CEMI$

（%），计算公式为

$$CEMI=\frac{m_r}{M}\times 100\% \tag{2-5}$$

式中　$m_r$——每年停电次数超过 3 次的计费用户数。

**6. 平均停电缺供电量**

统计时间内，配电网内所有用户因停电而无法正常使用的电量缺额，记作 $AENS$（kWh/户），计算公式为

$$AENS=\frac{\sum Q_j}{M} \tag{2-6}$$

式中　$Q_j$——第 $j$ 次停电导致的缺供电量，kWh。

## 2.2.2 考虑电能质量的等效可靠性新指标

电能质量问题造成的用户侧电能不可用度的情况无法通过上述常规供电可靠性指标反映，本书将通过等效停电次数、隐性缺供电量等指标反映由电能质量问题引起系统不停电但用户停电、主要用电设备停运或不可用的情况。依据电能质量问题引起的电量损失将电能质量指标等效转换为缺供电量指标。另外，由于电压质量问题对用户侧供电可靠性的影响最为显著，通过电压合格率指标在一定程度表征用户获得电能的可用度。

**1. 考虑电能质量的等效停电次数**

考虑电能质量的等效停电次数简称等效停电次数，指统计时间内，系统不停电，而由事件型电能质量问题引起用户侧停电或用户主要用电设备不可用（包括停运和无法启动）的事件次数，记作 $EOT$（次），计算公式为

$$EOT=\sum P_j \tag{2-7}$$

式中　$P_j$——在统计时间内，配电网内第 $j$ 次事件型电能质量问题引起的系统不停电而用户出现设备停运或不可用的次数。

**2. 考虑电能质量的隐性缺供电量**

考虑电能质量的隐性缺供电量简称隐性缺供电量，指统计时间内，系统不停电，由于电能质量导致的用户被迫削减的用电量差额，记作 $ENU$（kWh），计算公式为

$$ENU=\sum Q'_{mj} \tag{2-8}$$

式中　$Q'_{mj}$——第 $m$ 个受到某一电能质量问题影响的用户在第 $j$ 次受影响期间损失的总电量，kWh。

当配电网用户在统计时间内由于多种电能质量问题均导致出现隐性缺供电量时，应按照电能质量问题的类别分别统计隐性缺供电量。

**3. 考虑电能质量的隐性缺供电量失电量比**

考虑电能质量的隐性缺供电量失电量比简称隐性缺供电量失电量比，指统计时间内，因电能质量问题导致的隐性缺供电量与用户正常用电情况下需用电量的比值，记作 $ENUR$（%），计算公式为

$$ENUR=\frac{\sum Q'_{mj}}{\sum(Q'_{mj}+W_{mj})} \tag{2-9}$$

式中　$W_{mj}$——第 $m$ 个受到某一电能质量问题影响的用户在第 $j$ 次受影响期间内的实际用电量总和，kWh。

**4. 考虑电能质量的平均等效停电时间**

考虑电能质量的平均等效停电时间简称平均等效停电时间，指统计时间内，系统不停电，而由电能质量问题引起用户侧停电或用户主要用电设备不可用的总平均小时数，记作 $AEOD$（h/户），计算公式为

$$AEOD=\frac{1}{M}\sum\frac{Q'_{mj}t'''_{mj}}{Q'_{mj}+W_{mj}} \tag{2-10}$$

式中　$t'''_{mj}$——第 $m$ 个受到某一电能质量问题影响的用户在第 $j$ 次受影响期间的持续时间。

对于电压质量问题而言，$t'''_{mj}$ 为总统计时间；对于电压暂降问题而言，$t'''_{mj}$ 为第 $m$ 个用户第 $j$ 次受到暂降影响的起始时刻至结束时刻之间的持续时间，具体统计方法可见第 5 章。

**5. 电压合格率**

统计时间内，用户进线单元的电压合格时长与统计时间的比值，记作 $VER$（%），计算公式为

$$VER=\frac{\sum t_{vm}}{MT}\times 100\% \tag{2-11}$$

式中　$t_{vm}$——配电网内第 $m$ 个计费用户在统计时间内的电压合格小时数。

### 2.2.3　各层级可靠性评估指标体系

本书整理了常规供电可靠性、新用户侧供电可靠性与电能质量的主要评估指标，

如表 2-2 所示。其中，供电可靠性指标包括元件级、负荷点级、系统级和用户侧 4 个层级，并且每个层级的指标之间相互关联。

本书提出的新用户侧供电可靠性指标包括一部分已有的常规供电可靠性用户侧指标、考虑电能质量的新用户侧供电可靠性指标和一部分电能质量指标，并纳入了本书提出的 5 个新指标：用户平均短时停电时间、考虑电能质量的等效停电次数、考虑电能质量的隐性缺供电量、考虑电能质量的隐性缺供电量失电量比、考虑电能质量的平均等效停电时间。

电能质量指标包括电压合格率、系统电压平均有效值变化率、电压变动、电压总谐波畸变率、负序电压不平衡度等。其中，电压合格率既是电能质量指标，也是新用户侧供电可靠性指标。

**表 2-2　各层级可靠性评估指标体系**

| 类型 | 层级 | 指标名称 | 缩写 | 计算公式 | 单位 | 备注 |
| --- | --- | --- | --- | --- | --- | --- |
| 可靠性 | 元件级 | 平均故障率 | $\lambda$ | $\lambda=\frac{N_{fe}}{T_{we}}$ | 次/年 | 常规供电可靠性指标 |
| | | 平均修复率 | $\mu$ | $\mu=\frac{N_{re}}{T_{re}}$ | 次/年 | |
| | | 平均故障修复时间 | $r$ | $r=\frac{1}{\mu}$ | h/次 | |
| | 负荷点级 | 平均故障率 | $\Lambda$ | $\Lambda=\frac{N_{fp}}{YEAR}=\sum_{j\in J}\lambda_j$ | 次/年 | |
| | | 平均停电时间 | $U$ | $U=\frac{T_{rp}}{YEAR}=\sum_{j\in J}\lambda_j r_j$ | h/年 | |
| | | 平均故障修复时间 | $\gamma$ | $\gamma=\frac{T_{rp}}{N_{fp}}=\frac{U}{\Lambda}=\frac{\sum_{j\in J}\lambda_j r_j}{\sum_{j\in J}\lambda_j}$ | h/次 | |
| | 系统级 | 系统平均停电频率 | $SAIFI$ | $SAIFI=\frac{\sum\Lambda_i N_i}{\sum N_i}$ | 次/(户·年) | |
| | | 系统平均停电时间 | $SAIDI$ | $SAIDI=\frac{\sum U_i N_i}{\sum N_i}$ | h/(户·年) | |
| | | 平均供电可靠率 | $ASAI$ | $ASAI=\frac{\sum N_i\times 8760-\sum U_i N_i}{\sum N_i\times 8760}$ | % | |
| | | 期望缺供电量 | $EENS$ | $EENS=\sum P_{ai}U_i$ | kWh/年 | |
| | | 停电用户平均停电频率 | $CAIFI$ | $CAIFI=\frac{\sum\Lambda_i N_i}{\sum N_{fi}}$ | 次/(户·年) | |
| | | 停电用户平均停电时间 | $CAIDI$ | $CAIDI=\frac{\sum U_i N_i}{\sum\Lambda_i N_i}$ | h/(户·年) | |

续表

| 类型 | 层级 | 指标名称 | 缩写 | 计算公式 | 单位 | 备注 |
|---|---|---|---|---|---|---|
| 可靠性 | 用户侧 | 用户平均停电次数 | $AITCL$ | $AITCL=\frac{\sum m_j}{M}$ | 次/户 | 常规供电可靠性指标、新用户侧供电可靠性指标 |
| | | 用户平均短时停电时间 | $AIHCL_{-1}$ | $AIHCL_{-1}=\frac{\sum t'_{mj}}{M}$ | h/户 | |
| | | 用户平均持续停电时间 | $AIHCL_{-2}$ | $AIHCL_{-2}=\frac{\sum t''_{mj}}{M}$ | h/户 | |
| | | 平均供电可靠率 | $RS$ | $RS=\left(1-\frac{\sum t_m}{MT}\right)\times 100\%$ | % | |
| | | 平均停电缺供电量 | $AENS$ | $AENS=\frac{\sum Q_j}{M}$ | kWh/户 | |
| | | 停电用户平均停电频率 | $CAIFI_{-1}$ | $CAIFI_{-1}=\frac{\sum m_j}{M_f}$ | 次/户 | |
| | | 停电用户平均停电时间 | $CAIDI_{-1}$ | $CAIDI_{-1}=\frac{\sum t_j m_j}{M_f}$ | h/户 | |
| | | 重复停电概率 | $CEMI$ | $CEMI=\frac{m_r}{M}\times 100\%$ | % | |
| | | 考虑电能质量的等效停运次数 | $EOT$ | $EOT=\sum P_j$ | 次 | 新用户侧供电可靠性指标 |
| | | 考虑电能质量的隐性缺供电量 | $ENU$ | $ENU=\sum Q'_{mj}$ | MWh | |
| | | 考虑电能质量的隐性缺供电量失电量比 | $ENUR$ | $ENUR=\frac{\sum Q'_{mj}}{\sum(Q'_{mj}+W_{mj})}$ | % | |
| | | 考虑电能质量的平均等效停电时间 | $AEOD$ | $AEOD=\frac{1}{M}\sum\frac{Q'_{mj}t_{mj}}{Q'_{mj}+W_{mj}}$ | h/户 | |
| 电能质量 | 电压偏差 | 电压合格率 | $VER$ | $VER=\frac{\sum t_{vm}}{M_T}\times 100\%$ | % | — |
| | 电压暂降与短时中断 | 系统电压平均有效值变化率 | $SARFI_{X-C}$ | $SARFI_{X-C}=\frac{\sum m_{js}}{M_T}$ | 次 | |
| | | | $SARFI_{X-T}$ | $SARFI_{X-T}=\frac{N_s D}{D_T}$ | 次/月(年) | |
| | 电压波动与闪变 | 电压变动 | $d$ | $d=\frac{\Delta U}{U_N}\times 100\%$ | % | |
| | 谐波 | 电压总谐波畸变率 | $THD_u$ | $THD_u=\frac{U_H}{U_b}\times 100\%$ | % | |
| | 三相不平衡 | 负序电压不平衡度 | $\varepsilon_2$ | $\varepsilon_2=\frac{U_2}{U_1}\times 100\%$ | % | |

#### 1. 可靠性指标

（1）元件级。$N_{fe}$为统计时间内元件的故障次数；$T_{we}$为元件运行的总时间；$N_{re}$为统计时间内元件的修复次数；$T_{re}$为元件进行维修的总时间。

（2）负荷点级。$N_{fp}$为统计时间内负荷点的停电次数；$YEAR$为统计时间年数；$T_{rp}$为统计时间内负荷点的停电时间；$\lambda_j$和$r_j$分别为负荷点至供电电源点间各元件的平均故障率与平均故障修复时间；$\boldsymbol{J}$为导致负荷点发生停运的配电网内各项元件的集合。

（3）系统级。$\Lambda_i$为负荷点$i$的平均故障率；$U_i$为负荷点$i$的平均停电时间；$N_i$为负荷点$i$的用户数；$N_{fi}$为负荷点$i$的停电用户数；$P_{ai}$为接入负荷点$i$的平均负荷。

（4）用户侧。$M_f$为停电用户总数。

#### 2. 电能质量指标

（1）电压暂降与短时中断。$d\%$为电压均方根值占标称电压的阈值百分数，可取值为90%、80%、70%等；$m_{js}$为第$j$次事件下残余电压小于$X\%$的电压暂降用户数；$M_T$为所评估测点供电的总用户数；$N_s$为监测时间段内残余电压小于$X\%$的电压暂降发生次数。

（2）电压波动与闪变。$\Delta U$为电压方均根值曲线上相邻两个极值电压之差；$U_N$为系统标称电压。

（3）谐波。$U_H$为谐波电压含量，$U_H=\sqrt{\sum_{h=2}^{\infty}U_h^2}$，$U_h$为第$h$次谐波电压方均根值；$U_b$为基波电压方均根值。

（4）三相不平衡。$U_1$和$U_2$分别表示三相电压的正序和负序分量方均根值。

## 2.3　用户侧供电可靠性数据来源的分析

评估可靠性需要供电量、供电时长、停电次数、电能质量等多种多样的数据，但由于产权归属、技术因素、成本因素等原因，用户侧的相关数据相对匮乏。

目前，数据挖掘和大数据分析已成为学术界和产业界共同关注的研究主题，在很多领域获得了应用，具有广阔的应用前景。在现代电网系统中，数据产生于整个系统的各个环节，包括发电侧、输变电侧和用电侧。以用电侧为例，随着大量智能电表及智能终端的安装部署，电力公司和用户之间的交互行为迅猛增长，电力公司可以每隔一段时间获取用户的用电信息，从而收集了比以往粒度更细的海量电力消费数据，构成智能电网中的用户侧大数据。通过对数据进行分析可以更好地理解电力客户的用电行为，合理地设计电力需求响应系统和短期负荷预测系统等。

电网业务数据大致分为 3 类：①电网运行和设备检测或监测数据；②电力企业营销数据，如交易电价、售电量、用电客户等方面的数据；③电力企业管理数据。根据数据的内在结构，这些数据可以进一步细分为结构化数据和非结构化数据。结构化数据主要包括存储在关系数据库中的数据，目前电力系统中的大部分数据是这种形式，随着信息技术的发展，这部分数据增长很快。相对于结构化数据而言，不方便用数据库二维逻辑表来表现的数据称为非结构化数据，主要包括视频监控、图形图像处理等产生的数据。

随着智能电网的建设，智能电表的开发和推广及其数据应用已成为国内外的研究热点。尤其是为了准确获取用户的用电数据，电力公司近年来部署了大量具有双向通信能力的智能电表，这些电表甚至可以每隔 5min 向电网发送实时用电信息。美国、英国、意大利等已计划开展智能电表的安装和更换工作，预计 2020 年可实现约 80％的智能电表覆盖率。例如，美国太平洋天然气电力公司（Pacific Gas & Electric）每个月从 900 万个智能电表中收集超过 3TB 的数据。这些电网中的大数据具有“4V”特征，即数据体量巨大（volume）、价值密度较低（value）、数据类型繁多（variety）和处理速度极快（velocity）。海量电网数据为当下电网尤其是智能电网的建设和发展带来了新挑战与新机遇。国网信通公司已经成立了大数据团队以应对智能电网建设中的大数据挑战问题。IBM 公司收集并建模大数据，服务于智能电表分析、基于决策的运维、基于天气数据的风机选址、分配负荷预测与调度等各类能源行业与公用事业。我国也进行了大量智能电表的部署工作。在 2014 年，我国已累计安装智能电表 2.2 亿只，低压集抄客户覆盖率 44.1％。到了 2019 年，基本上 99％以上的用户已实现了智能化/电子化电表的安装与应用。

相比传统电能表，智能电表数据具有明显优势：①智能电表能以 15min 甚至更短的间隔，实时或准实时地获取各类数据；②智能电表可获得包括电压、电流、有功功率、无功功率、谐波以及事件和报警等各类数据；③智能电表分布密集，能够实现包括低压用户在内的测量点全面覆盖。目前智能电表数据主要应用于配电网拓扑校验、线路阻抗评估、客户行为分析、故障定位、负荷分析和预测、异常用电检测、需求侧响应管理等领域。

通过对这些海量电网及用户侧数据挖掘分析，无疑可以为用电客户、供电企业和社会环境提供更好的创新服务。目前，针对电网大数据的挖掘分析应用主要集中于负荷预测、风机选址、需求响应管理等方面，但基于电能量数据对供电可靠性分析评估方法进行研究工作尚未开展，仍缺乏通过用户侧数据分析用户侧供电可靠性、电压质量和电能质量的创新性方法，现有计量自动化、营销等系统中的大量数据也没有被有效利用和挖掘。因此，有必要对大量的电能量数据、用户数据、电网拓扑数据和电能质量数据进行深度挖掘，从而分析总结它们之间的深层次联系，有效指导供电企业开展供电可靠性和用户满意度提升工作，以提高电网数据的利用率。

# 2.4　配电网用户侧供电可靠性评估方法

## 2.4.1　基于元件可靠性的配电网供电可靠性评估方法概述

配电网供电可靠性评估是指对配电网设施或网架结构的静态或动态性能，或者各种性能改进措施的效果是否满足规定的可靠性准则进行分析、预计和认定的系列工作。配电网的供电可靠性评估需要贯穿于系统的规划、设计和运行的全过程中，通常包括：①确定元件的停运模型；②选择系统状态并计算它们的概率；③评估所选择状态的后果；④计算可靠性指标。

配电网供电可靠性主要包括充裕度和安全性两个方面。其中充裕度是指在考虑电力元件计划与非计划停运以及负荷波动的静态条件下，电力系统维持连续供应电能的能力，因此又称为静态可靠性。安全性是指配电网能够承受如突然短路或者没有预料的失去元件等事件引起的扰动并不间断供应电能的能力，安全性又称为动态可靠性。目前，国内外学者对充裕度评估算法和应用关注较多，并且在理论和实践中取得了大量的研究成果。

配电网供电可靠性评估方法可以分为确定性方法和概率性方法两种。其中确定性方法是对几种确定的运行方式并且基于故障状态进行分析，以此来检验系统的可靠性水平。通常，在电源规划中，确定性的可靠性判据有百分备用指标和最大机组备用指标；在电网规划中，确定性的可靠性判据可以是校验负荷的最小供电回路数。然而，由于电力系统的随机特性很强，元件的故障函数和负荷水平的实际波动情况都具有很大的随机性，确定性方法在应用当中具有较大的误差，因此概率性方法在配电网的供电可靠性研究中得到了重视，在理论和实践方面有很大的进展。

配电网供电可靠性的概率性方法主要可以分为解析法和模拟法两种，两种方法的本质都是根据某一种故障发生的概率对故障的后果进行加权分析。解析法可以分为故障模式后果分析法、最小路法、最小割集法、网络等值法、故障遍历法和状态空间法等；模拟法通常称为蒙特卡洛法，又可以根据电力元件随机状态模拟方法的不同分为序贯仿真算法、非序贯仿真算法和伪序贯仿真算法。

其中主要方法介绍如下：

### 1. 故障模式后果分析法

故障模式后果分析法的基本思想是：首先，假定系统的预想事故并建立预想事故的故障模式影响表；然后，根据负荷点的故障模式集合从预想模式影响表中提取故障的影响情况，分析系统状态并计算可靠性指标。故障模式后果分析法的原理简单、清晰，已经被广泛应用到辐射性配电网的供电可靠性评估中。该方法依据给定的可靠性判据和准则对系统的运行状态进行分析，通过系统故障模式集合和故障模式影响表的建立，确定故障对系统的影响。

**2. 最小路法**

最小路法的基本思想是：首先，对配电网中的每一个负荷点求取相对应的最小路径；然后，根据网架结构，将非最小路径上的元件故障对负荷点的影响折算到对应的最小路上的节点上。因此在利用最小路法对配电网进行可靠性评估时，仅需对最小路上的元件进行评估就可以得到整个网络的可靠性指标。

**3. 最小割集法**

割集是若干设备的集合，它们失效时会导致系统从起点到终点的有向路径失效。配电网的故障模式与系统的最小割集相关联。该方法避免计算系统的全部状态，将计算的状态限制在最小割集内，这样大大节省了计算量。在实际配电网中，由于网络复杂，电源点（可能是多个）到负荷点的供电通路可能有多个，因而造成负荷点失去供电的最小割集也会有多个。

**4. 网络等值法**

网络等值法的基本思想是通过网络化简将复杂的配电网等值为简单的辐射型配电网。化简过程大致可分为两个部分：首先，将分支馈线和该馈线连接的各种设备划分在同一层，并将其等效为一个节点元件表示，从系统末端馈线逐层向上等效直到线路没有分支馈线为止，这样就将原来复杂的配电网络化简为一个简单辐射状的主馈线网络；然后，分析上层元件对下层元件可靠性的影响，将这种影响用等效串联元件表示；最后，对每一层的负荷点进行可靠性评估。

**5. 故障遍历法**

故障遍历法是一种基于故障枚举和故障遍历技术发展起来的可靠性算法。首先根据负荷点停电时间的不同，将配电网区域划分为停电时间为故障修复时间、停电时间为故障隔离加上负荷转运的时间、停电时间为故障隔离时间和不停电区域四种，然后以每一个故障点为起点，搜索其父节点直到出现断路器为止，此时该断路器之前的负荷点为前三类负荷点，而其他的负荷点为第四类负荷点。这样对所有的负荷点进行遍历，便得到了最终的系统可靠性。

### 6. 状态空间法

状态空间法又称为马尔可夫方程法，它在定义元件状态模型的基础上，建立系统的状态空间图，应用马尔可夫随机过程的理论来确定状态间的转移模式和转移概率，计算系统各个状态的平稳状态概率。当求得系统的状态概率和转移概率后，就可以利用频率—持续时间的方法，计算系统遇到某一种状态的频率和停留在这一状态的平均持续时间，进而获取所需的系统可靠性指标。

### 7. 蒙特卡洛法

蒙特卡洛法又称为统计试验方法或者随机抽样技术。它通过计算机产生的随机数对元件的状态进行抽样，进而组合得到整个系统的状态。系统的可靠性指标是在积累了足够的系统状态样本数目后，通过统计每次状态估计的结果而得到的。根据是否考虑系统状态的时序性，蒙特卡洛法可以分为非序贯仿真算法、伪序贯仿真算法和序贯仿真算法。非序贯仿真算法又称状态抽样法，它首先对系统内每个元件产生一个（0，1）区间均匀分布的随机数，然后通过比较该随机数值与元件处于各状态的概率值确定元件的状态，进而抽样得到整个系统的状态。序贯仿真算法是根据配电网中各个元件的可靠性参数，通过产生随机数的方式来模拟单个元件失效状态的变化序列，进而按照时间顺序，分析元件故障对系统可靠性的影响，最后通过多年的故障情况统计计算系统可靠性指标的均值。伪序贯仿真算法是一种将序贯仿真算法与非序贯仿真算法混合的算法，采用非序贯仿真算法选择故障状态，同时只对故障相邻状态的子序列进行序贯仿真。虽然序贯仿真对系统的短时模拟具有很大的偶然性，但是对长期运行过程的模拟则趋于实际情况。序贯仿真的示意图如图 2-1 所示，从图中可以看出，由于序贯仿真中系统相邻状态的差别只在于一个元件的状态的差别，而且考虑到时间的连续性以及复杂电力系统中元件的多样性和复杂型，序贯仿真收敛极其缓慢。

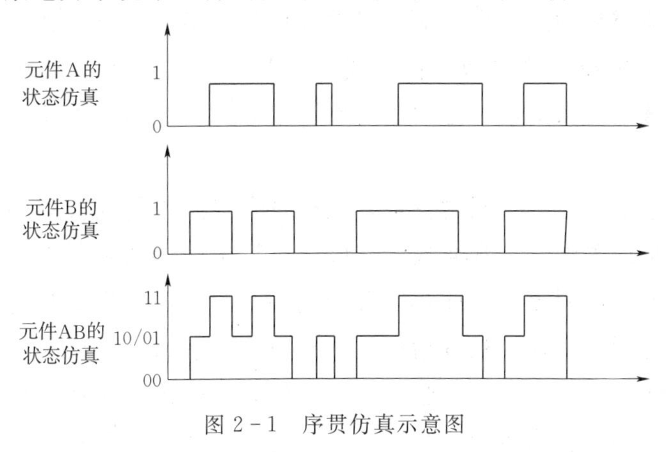


图 2-1　序贯仿真示意图

与解析法相比，蒙特卡洛法有以下特点：

（1）蒙特卡洛法容易模拟负荷随机波动、元件随机故障、气候随机变化等随机因素和系统的矫正控制策略，计算结果更加贴近实际。

（2）在满足一定计算精度的要求下，蒙特卡洛法的抽样次数与系统的规模无关，因此特别适用于大型复杂系统的可靠性评估。

（3）除了能够计算表征系统平均性能的指标外，蒙特卡洛法还能获得可靠性指标的概率分布，评估结果更加全面。

### 2.4.2　基于多因素多指标的配电网供电可靠性综合评估方法概述

现行的供电可靠性分析中通常仅讨论供电可靠率、用户平均停电时间、停电总时户数、用户平均停电次数等指标。这四类指标具有较高的相关性，一般情况下，供电可靠率高，用户平均停电时间短，停电户时数小，用户平均停电次数可能较少，采用其中一项指标分别进行排序的结果是相近的。为了方便分析，在大多数供电可靠性研究和实际应用中都直接采用指标值排序的方法进行配电网之间的可靠性对比。然而，这种简单排序的评估分析方法并不适用于考虑多因素多指标的评估场合。本书提出的配电网用户侧供电可靠性问题既涉及常规的停电事件，也考虑了由电能质量引起的用户用电被迫中断的情况。常规供电可靠性指标与考虑电能质量的等效可靠性指标两类指标之间并没有明显的相关性，采用简单排序的方法不能得出全面直观的评估结论，需要采用综合评估手段来囊括多种因素，给出一个整体性的评估结果，以指导决策。

综合评估方法可简单地理解为把反映被评对象的多个指标的信息综合起来，得到一个综合指标，由此来反映被评事物的整体情况。在综合评估的实际操作过程中，需注意以下的问题：

（1）评估指标的选取。每项指标都从某个方面反映了被评估对象的某些信息，在指标的选取中，应避免为追求全面而选取太多重复性指标，也要避免指标选取太少而产生片面性。应多选择一些灵敏度高、代表性强、有一定区分能力又相互独立的指标。评估指标的选取可采取经验选取法、单因素分析法、多元相关法、多元回归分析法、指标聚类法等。

（2）指标权重的确定。不同的权重分配有时会得到差异很大的评估结果，确定权重是客观做出评估的关键。主观赋权法在应用过程中会掺杂主观因素；而客观赋权法往往会忽略指标的重要程度。因此，应合理地将两种方法有机结合起来，即形成组合赋权法，从而更客观真实地反映各指标相对于被评对象的相对重要程度。

（3）评估方法的选择。基于经验的综合评估方法的优点是计算简单、适用面广且方法应用过程中的解释较为直观；基于数值和统计与基于决策和智能的综合评估方法的优点是理论基础牢固，在很大程度上可排除人为因素的干扰，从而提高综合评估的客观公正性。前者受人为因素干扰较大；后两者的缺点在于其约束条件太多，而现实的被评估对象又不能完全满足这些条件，只能在许多假定的基础上或在进行一系列变通处理后应用。为解决这一问题，首先应切实理解被评对象及评估方法的本质内涵，并遵循公平公正的原则；其次，应尽可能尝试多种方法并对其评估结果进行比评，优选出最佳结果。结合具体应用背景，多视角下的综合评价方法包括动态综合评估方法、递阶综合评估方法、模糊综合评估方法、数据包络分析法、主成分分析法、智能综合评估方法、灰色综合评估方法等。

## 2.5 本章小结

本章主要进行了以下工作：

（1）以“电网的电力供应能否保障用户持续用上电”作为评判标准，讨论了可靠性概念延伸的必要性，提出用户侧供电可靠性概念及评估要求，以及隐性缺供电量的概念和价值。

（2）构建了一套包含常规供电可靠性指标和考虑电能质量的等效可靠性新指标的用户侧供电可靠性评估指标体系，从持续性和可用度两个方面全面反映停电事件或电能质量问题引起的用户侧供电可靠性变化。前者包括 6 项二级指标，分别为平均供电可靠率、用户平均持续停电时间、用户平均短时停电时间、用户平均停电次数、重复停电概率、平均停电缺供电量；后者包括 5 项二级指标，分别为考虑电能质量的等效停电次数、考虑电能质量的隐性缺供电量、考虑电能质量的隐性缺供电量失电量比、考虑电能质量的平均等效停电时间、电压合格率。

（3）介绍了现有的供电可靠性评估方法，包括基于元件可靠性的配电网可靠性评估方法和基于多因素多指标的配电网可靠性综合评估方法。

# 参考文献


[1] 国家能源局．供电系统供电可靠性评价规程 第1部分：通用要求：DL/T 836.1—2016 [S]. 北京：中国电力出版社，2016.

[2] 欧阳森，刘丽媛．配电网用电可靠性指标体系及综合评估方法 [J]. 电网技术，2017，41 (01)：215-222.

[3] 刘丽媛．兼顾用户用电体验和电能质量的配电网供电可靠性评估研究 [D]. 广州：华南理工大学，2018.

[4] 杨潇．配电网设备的供电可靠性研究 [D]. 郑州：郑州大学，2018.

[5] 颜少伟．复杂配电网供电可靠性评估方法 [D]. 广州：广东工业大学，2015.

[6] 吴裕生．基于用户侧负荷优化的有源配电网可靠性评估 [D]. 广州：华南理工大学，2017.

[7] 杨梦璐．配电网可靠性评估方法的研究 [D]. 北京：华北水利水电大学，2018.

[8] 万东．配电网可靠性及经济性评估方法研究 [D]. 南昌：南昌大学，2015.

[9] 中华人民共和国国家质量监督检验检疫总局，中国国家标准化管理委员会．电能质量 供电电压偏差：GB/T 12325—2008 [S]. 北京：中国标准出版社，2008.

[10] 中华人民共和国国家质量监督检验检疫总局，中国国家标准化管理委员会．电能质量 电压波动和闪变：GB/T 12326—2008 [S]. 北京：中国标准出版社，2008.

[11] 中华人民共和国国家质量监督检验检疫总局，中国国家标准化管理委员会．电能质量 公用电网谐波：GB/T 14549—1993 [S]. 北京：中国标准出版社，1993.

[12] 中华人民共和国国家质量监督检验检疫总局，中国国家标准化管理委员会．电能质量 三相电压不平衡：GB/T 15543—2008 [S]. 北京：中国标准出版社，2008.

[13] 中华人民共和国国家质量监督检验检疫总局，中国国家标准化管理委员会．电能质量 电压暂降与短时中断：GB/T 30137—2013 [S]. 北京：中国标准出版社，2013.

[14] 杜江．基于蒙特卡洛法的电力系统可靠性评估算法研究 [D]. 杭

州：浙江大学.2015.

[15] 王杨．基于时序蒙特卡洛模拟的微电网可靠性分析 [D]．重庆：重庆大学，2014.

[16] Billinton R，Wang P. Reliability network equivalent approach to distribution system reliability evaluation [J]. IEE Procedings Generation，Transmission and Distribution，1998，145 (2)：149-153.

[17] 别朝红，王秀丽，王锡凡．复杂配电系统的可靠性评估 [J]．西安交通大学学报，2000，34 (8)：9-13.

[18] 相晓鹏，邵玉槐．基于最小割集法的配电网可靠性评估算法 [J]．电力学报，2006，2：149-153.

[19] 万国成，任震，田翔．配电网可靠性评估的网络等值法模型研究 [J]．中国电机工程学报，2003，23 (5)：48-52.

[20] 谢开贵，周平，周家启，等．基于故障扩散的中压配电系统可靠性评估算法 [J]．电力系统自动化，2001，25 (4)：45-48.

[21] 张雪松，王超，程晓东．基于马尔可夫状态空间法的超高压电网继电保护系统可靠性分析模型 [J]．电网技术，2008，13：94-99.

[22] 卫茹．低压配电系统用户供电可靠性评估及预测 [D]．上海：上海交通大学，2013.

[23] 宋晓通．基于蒙特卡罗方法的电力系统可靠性评估 [D]．济南：山东大学，2008.

[24] 何永秀，刘敦楠，罗涛，等．电力综合评价方法及应用 [M]．北京：中国电力出版社，2011.

# 第3章

# 电压偏差和供电可靠性的关联机理分析与关联模型研究

电能质量问题，包括电压偏差、电压波动和闪变、谐波、三相不平衡等，会导致用电设备的不正常运行，使用户侧供电可靠性水平下降。其中，电压偏差的存在最为普遍，电压偏低造成用户用不上电、用电不稳定、用电体验差的情况长期以来一直存在，严重影响正常用电，也成为用户向供电企业投诉的重点之一。近年来，电压偏高问题开始引起供用电双方的关注。针对用户侧供电可靠性指标体系中的隐性缺供电量指标，本章首先从电量的角度深入分析了电压偏差对用户侧供电可靠性的影响机理，并在此基础上提出了基于电能量数据的电压偏低型隐性缺供电量估算方法，最后通过算例分析验证所提方法的有效性。

## 3.1 电压偏差对用户侧供电可靠性的影响机理

### 3.1.1 电压偏差问题的发展及其影响

电压偏差是指：正常运行方式下，实际运行电压与系统标称电压的相对偏差百分数。根据 GB/T 12325—2008《电能质量　供电电压偏差》的要求，不同电压等级系统的允许电压偏差限值各有不同，35kV 及以上供电电压的正负偏差绝对值之和不超过 10%，20kV 及以下三相供电电压偏差限值为±7%；220V 单相供电电压偏差上下限值为+7%、－10%。我国《全国供用电规则》规定低压照明用户的实际电压为额定电压的－10%～+7%，也就是说低压照明用户的电压在 198～235V 属于正常。

因此可见，电压偏差是十分重要的电能质量指标之一。造成电压偏差的主要原因是线路的阻抗压降与无功负荷的变化。当电流通过导线时，由于导线的阻抗要产生压降，使用户侧电压低于送端电压。在一般情况下，离电源越远，负荷越大，则用户电压越低。电压偏高或偏低都会影响用电设备和电网的正常运行，为了将电压偏差的影响控制在可以接受的范围内，世界各国对供电电压都规定了允许偏差，作为考核供电质量的主要指标之一。在电力系统中，用电量过大会使电网电压过低，使用电设备处于低压运行状态，低压运行对用电设备和电网都十分不利，甚至造成严重危害。而电压偏高问题则是近年来颇受关注的焦点问题，其原因为：①各种小水电、分布式电源（光伏发电、风力发电）、电动汽车、储能系统等大量渗透到配电网；②负荷用电规律的影响发生复杂的变化，不少工业区、居民区、商业区的聚集性用电、不用电趋于同向变化；③负荷迁移非常快，中小工业、电商的整体负荷迁移尤为明显。

当前的电网结构及其阻抗特性，使得中压配电网的电压偏低问题是主要的电压偏差问题。低压配电网和用电设备的电压偏差问题比较复杂，既有大量的电压偏低问题，也有不少电压偏高问题。随着负荷结构、用电规律的变化，近年来配电网的电压偏低、电压偏高、电压波动问题日益复杂。对电网设备而言，变压器和配电线路是主要设备。电压偏差对这两类设备的影响主要表现为电阻损耗、空载损耗。以变压器为例，当变压器的实际电压高于额定电压时，变压器的铁芯将会进入饱和状态，导致励磁电流急剧增加，从而使空降损耗增加；当变压器的实际电压低于额定电压时，电阻损耗增加而空降损耗降低。对输配电网络而言，电压偏低会增大运行线路损耗，降低输电效率。在输送的有功功率一定的条件下，电压的降低会使电流增大，造成线路损耗增加；低压运行还会使变压器的输出功率降低。理论仿真表明，当电网电压降低10%时，在功率因数相同的条件下，输变电设备输送有功负荷的能力减少15%。若线路输送的视在功率不变，则输出有功负荷还要减少。换言之，对电压偏差的调节不仅可以节能减耗，还能促进电网的经济运行。因此，电网运营企业有较强的动力进行输配电网电压质量的管理。

当前的工商业用电设备、家用电器设备中，常用的电器主要是各类电机类电器。家用电器主要有洗衣机、电冰箱、空调、电风扇等单相异步电动机；而工业电机主要是三相或单相异步电机。电压偏低对这些电器的危害，主要是对各种电机的危害。

电压过高时，电动机的转矩提高，转速加快，产生的额外机械能过多，表现为设备发热，这将会缩短电动机的使用年限；而当电压过低时，将会引起转矩急剧减小，转速降低和满负荷运行中温升增大，加速绝缘老化，甚至烧坏电动机；电压进一步降低时，还会使这些电器的电动机启动困难甚至无法启动，甚至造成电机的损坏。例如，当电压低于187V时，对于冰箱和空调，会造成压缩机启动困难或不能启动，且在启动时有较大噪声（启动电流增大），如果经常强行启动，就会造成启动继电器或压缩机损坏。洗衣机不仅会出现启动困难的现象，即使能够勉强启动，也会出现转速慢和转动无力的现象，并且使电机的工作电流增大，使得电机严重发热，甚至损坏。

电压对照明设备的影响比较直观地表现在灯具的亮度影响上。电压偏高时，灯具亮度增大，造成灯具寿命降低；电压偏低时，灯具亮度降低，若电压过低，则造成灯具无法正常启动、闪烁灯现象，也会降低灯具寿命。大量应用的各类屏幕也有类似的问题。

### 3.1.2　电压偏差对负荷设备非正常工作的影响机理

电压偏差过大会使用电设备的运行性能恶化，降低生产效率，增加电能损耗，导致产品质量下降或报废，甚至会降低设备的使用寿命，严重时引起设备损坏，威胁用户的用电安全和设备安全。

**1. 照明设备**

照明常用的白炽灯、荧光灯等设备，其发光效率、光通量以及使用寿命均与电压相关。白炽灯的光通量会随电压降低而减少，而电压偏高会使白炽灯的寿命大为缩短；对于荧光灯而言，电压增大，电流增加，则寿命降低，而电压降低使灯丝预热温度过低，灯丝发射物质发生飞溅也会降低灯管的使用寿命。

**2. 异步电动机设备**

用电设备中大量使用异步电动机，其电磁转矩、效率和电流与端电压关系十分密切。其最大电磁转矩（功率）与端电压的平方成正比，如果电压降低过多，电动机可能停止运行或无法启动。此外，电压降低时，电动机滑差加大，电流显著增加，导致绕组温度升高，从而加速绝缘老化，缩短电动机寿命，严重时可能烧毁电机；电压过高时，可能损坏电动机绝缘或由于励磁电流过大而过电流，同样也会缩短电动机寿命。

**3. 同步电动机设备**

同步电动机的启动转矩与端电压平方成正比，最大转矩与端电压成正比；如果其励磁电流由与同步电动机共电源的晶闸管整流器供给，则最大转矩与端电压的平方成正比。电压偏差对同步电动机的影响与异步电动机相似，只是不会影响转速。

**4. 电子设备**

电压降低使电视机色彩变坏，亮度变暗，屏幕显示不稳定，图像质量变差；电压升高使电子设备阴极加热电流增加，显像管寿命降低。

**5. 其他设备**

电压偏移过大，会造成电子计算机和控制设备出现错误结果和误工，导致产品质量下降或报废，产量降低，设备损坏，甚至被迫停运。电阻炉等电热设备的热能输出与电压平方成正比，当电压降低时，熔化和加热时间显著延长；电解设备通过整流装置供给直流电流，电压降低使其电能损耗显著加大。

## 3.1.3 电压偏差问题影响用电量的机理性分析

由上述分析可知，电压偏差可分为电压偏高和电压偏低两种情况。电压偏高并不影响用户设备的正常运行，并且由于电压偏高而导致设备停运在实际中的可能性极低。因此本书主要讨论电压偏低的情况。

电压偏差属于稳态电压质量问题，可通过分析用户负荷的电压静特性研究其有功功率与电压之间的关联关系。根据用户负荷的电压静特性，可粗略地将用户有功负荷分为恒阻抗负荷、恒电流负荷和恒功率负荷三类。各类负荷的有功功率随电压的变化情况及其电压与用电量之间的关联关系如图 3-1 所示。

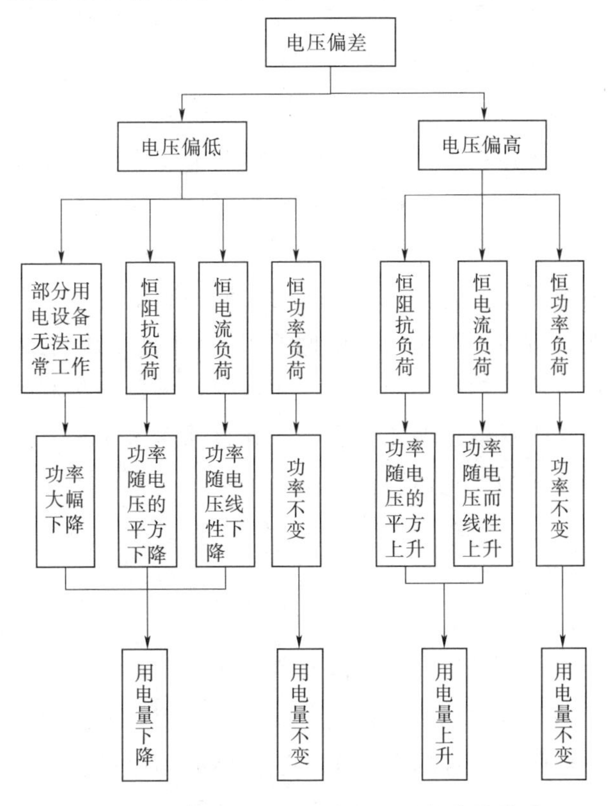


图 3-1 各类负荷的电压与用电量的关联关系

如图3-1所示，根据负荷的电压静特性不同，随电压变化的各类负荷的用电量变化情况也不同。当电压没有超过设备运行的电压临界点时，恒阻抗负荷的功率随电压的平方下降，恒电流负荷的功率随电压线性下降，恒功率负荷的功率不变。当电压超过电压临界点时，设备不能继续正常运行，发生停运或无法启动，功率大幅下降。此时，用电量自然也随之下降。

在国外电力市场中，供用电双方关注用户侧真实获得的可靠性水平、电压偏差和用户体验，并通过根据用户需求制定的供电合同实现电能的按质按量定价。根据已有文献对电压偏差问题与可靠性之间关系的大量研究分析，电压偏差问题同样会对用户正常用电造成影响，其导致的用户经济损失并不亚于停电。然而传统的供电可靠性评估并没有将电压偏差对用户的影响纳入考核范围，导致供电企业统计的供电可靠性与用户真实体验到的可靠性水平之间存在差距。

目前，对电压偏差的分析评估方法已比较完善，有的文献采用电压偏差和电压合格率指标对电压质量进行综合评估；有的文献提出一种中压配电网电压偏差与波动的综合评估方法，以电压分布特性和标准差反映电压的偏差和波动情况。有的文献探讨了电压偏差和电压合格率指标的不足，在电压偏差评估指标体系中补充了IEC61000-4-30标准中的CP95概率值指标。综上所述，电压偏低对可靠性影响的评估更多体现在技术指标层面，例如电压偏差、电压合格率、CP95概率值指标等，但对电压偏低对用户负荷影响的研究大多停留在定性层面，缺乏合理的量化评估指标和方法来考察用户受电压偏低影响程度的不同。

有的文献针对传统供电可靠性不能真实反映用户实际体验到的可靠性水平的问题，提出了用电可靠性的定义及指标体系，能够考虑电压偏差对用户的影响，全面评估配电网用户的真实可靠性水平。但这些文献所提出的电能质量隐性缺供电量和等效停电次数指标的评估范围较为笼统，没有针对不同类型的电压偏差问题进行区分，使指标统计的结果不能针对性反映不同电压偏差问题对用户的影响情况。

综上，通过用户负荷的功率和用电量变化情况，可以分析和评估用户设备的运行状态，进而考察用户是否受电压偏差的影响；并且随着电压偏差程度的加深，其影响程度也能通过电能量数据的变化体现。

### 3.1.4　负荷的静态模型

电压偏差属于稳态电压质量问题，因此可以通过分析用户负荷的电压静特性，研究其功率与电压之间的关联关系。静态负荷模型可以较好地反映负荷功率随着电压幅值缓慢变化而变化的规律，并且既可用于描述具体的用电设备，也可用于描述综合负荷，常应用于潮流计算、电压稳定、无功补偿装置规划等电力系统稳态分析中。常用静态负荷模型包括幂函数模型和多项式模型（ZIP 模型）。

**1. 幂函数模型**

$$\begin{cases} P = P_0\left(\dfrac{U}{U_0}\right)^{p_u} \\ Q = Q_0\left(\dfrac{U}{U_0}\right)^{q_u} \end{cases} \tag{3-1}$$

式中 $U$——实际运行电压；

$U_0$——额定电压；

$P$、$Q$——负荷的实际有功功率、无功功率；

$P_0$、$Q_0$——额定电压和额定频率下负荷的有功功率、无功功率；

$p_u$、$q_u$——负荷的有功、无功电压静态特征系数。

当 $p_u = q_u = 0$、$p_u = q_u = 1$、$p_u = q_u = 2$ 时，幂函数模型分别表示恒功率模型、恒电流模型和恒阻抗模型。

**2. ZIP 模型**

$$\begin{cases} P = P_0\left[A_p\left(\dfrac{U}{U_0}\right)^2 + B_p\left(\dfrac{U}{U_0}\right) + C_p\right] \\ Q = Q_0\left[A_q\left(\dfrac{U}{U_0}\right)^2 + B_q\left(\dfrac{U}{U_0}\right) + C_q\right] \end{cases} \tag{3-2}$$

式中 电压二次项、电压一次项和电压零次项——恒阻抗负荷、恒电流负荷和恒功率负荷；

$A_p$、$B_p$、$C_p$——各类有功负荷在总有功负荷中的占比；

$A_q$、$B_q$、$C_q$——各类无功负荷在总无功负荷中的占比。

有

$$\begin{cases} A_p + B_p + C_p = 1 \\ A_q + B_q + C_q = 1 \end{cases} \tag{3-3}$$

对于用户的具体用电设备，其有功负荷模型可表述为

$$\begin{cases} P_1, U \geqslant U_A \\ P_2, U < U_A \end{cases} \tag{3-4}$$

式中 $P_1$——用电设备正常运行时的有功负荷模型；

$P_2$——用电设备由于低电压问题而不能正常运行时的有功负荷模型；

$U$——设备实际的运行电压；

$U_A$——设备运行的临界电压。

当$U \geqslant U_A$时，用户设备正常运行；当$U < U_A$时，用户设备不能正常运行，发生停运或无法启动，此时设备功率急剧下跌甚至为0。

通过对具体敏感设备的负荷模型进行研究，当用户主要用电设备在$U < U_A$的情况下运行时，可认为该用户处于等效停电的状态。当用户存在多种主要用电设备并且每种设备具有不同的临界电压$U_A$时，可以$U_A$的最大值作为用户的整体临界电压，当$U < U_A$时可认为用户发生了等效停电事件。可根据隐性缺供电量的失电量比换算等效停电时间，电压偏低问题越严重，对设备运行的影响越大，隐性缺供电量的失电量比也越大，即等效停电时间也越长。

### 3.1.5 行业用户的电压偏差敏感等级

电压偏差问题对用电负荷的影响程度与其主要用电设备的电压敏感度密切相关。一般来说用电设备对电压偏差要求越高，该用户的抗扰度就越低，在电压偏差问题中就越容易受影响而被迫停运。不同行业用户的主要用电设备对电压偏差的抗扰度存在差异，使得用户负荷受电压偏差影响的程度与其所属的行业分类有着较高的相关性。因此，根据行业生产流程及所包含电压敏感设备的工作特点，可以将各行业用户按照电压偏差敏感程度大致划分为三个等级，如表3-1所示。

**表3-1 各行业用户对电压偏差问题的敏感性等级**

| 敏感性等级 | 用户行业类型 | 敏感程度 |
| --- | --- | --- |
| Ⅰ级用户 | 电子、电器、计算机制造、通信、机械、精密器械、塑胶、玻璃、五金、化工、医药、陶瓷 | 非常敏感 |
| Ⅱ级用户 | 食品、服装、制鞋、皮具、玩具、印刷、家具、造纸、纺织、农产品加工 | 一般 |
| Ⅲ级用户 | 服务业、商贸、会展、物流、房地产、第三产业、居民、农业等 | 不明显 |

Ⅰ级用户在生产过程中广泛使用PLC、变频器、总线、接触器、继电器、控制器等电压敏感设备，一旦这些元器件因电压偏差停止工作，整套设备或流水线都会受到影响。例如：精密器械行业对电压偏差要求很高，$90\% U_e$的低电压问题都会使整条工艺生产线被迫停运，而且重新启动达到满足生产的要求往往需要较长的时间（至少半个小时）。当然，该类用户其实不止对电压偏差，对电压波动和电压暂降问题也十分敏感，同等的电压质量问题对其影响最为严重，轻微的电压质量问题都可能造成较大的负荷损失和经济损失。本节只讨论电压偏差造成的影响。

Ⅱ级用户的生产用电过程中会涉及一些电压敏感元件，发生较严重的电压偏差问题时将导致用电设备不能正常工作或者功能下降，进而影响生产和产品质量。该类用户受电压偏差问题的影响程度一般，会造成一定的负荷损失和经济损失。同样，严重的电压暂降也会对这类设备造成影响。本节只讨论电压偏差造成的影响。

Ⅲ级用户的用电负荷以照明设备、空调等非电压敏感设备为主，轻微的电压偏差问题虽然会影响该类用户的用电感受，但一般不会造成明显的经济损失。

上述划分只是一个比较宏观的划分，实际应用中可根据实际需求、设备类型与数量、电压偏差敏感性、电压偏差经济损失等结合起来进行划分。

## 3.2　电压偏低型隐性缺供电量的估算方法

用户负荷由各类设备负荷组成。从横向上看，用户负荷与时间密切相关，不同时段所运行设备的种类、数量和工况发生改变，则用户负荷功率和电压静特性也会发生相应变化；从纵向上看，用户负荷与电压密切相关，受电压偏差影响，设备运行状态和功率会随自身电压静特性产生变化，进而反映在用户负荷功率的增减上。

日负荷曲线能够描述用户负荷的时变性；静态负荷模型能够反映特定时刻用户负荷的电压静特性。因此，本书考虑从时间与电压两个维度，将日负荷曲线和静态负荷模型相结合，构建用户的分时段静态有功负荷模型，进行电压偏低型隐性缺供电量的估算工作。

由于电压偏高的计算原理与电压偏低一致，下述将不再特别说明电压偏高的分析。

### 3.2.1　算法步骤

本书提出的电压偏低型隐性缺供电量的算法步骤如图 3-2 所示。

**1. 采集电能量数据**

采集用户全年的电压、有功功率、电量数据，计及用户负荷的季节性变化，以及在工作日与非工作日的不同，对电能量数据进行分类。

**2. 划分用户类型**

(1) 用户行业分类。同一行业用户的设备种类及其占比具有相似性，上班制度以及工作时间一般也遵循行业基本性质，因此首先对用户按照行业分类。由于用电行业细分多达 52 类，逐一进行负荷建模的工作量较烦琐，因此需对行业用户进行再次

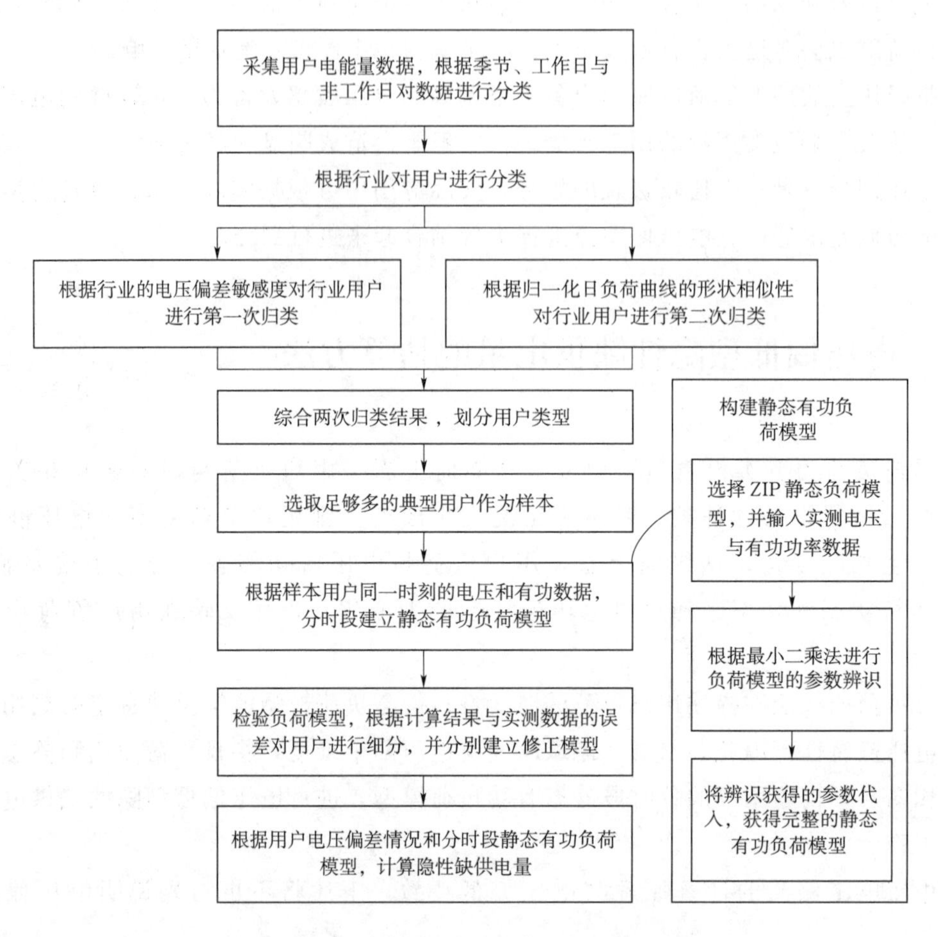


图3-2　电压偏低型隐性缺供电量的算法步骤

归类。

（2）行业用户第一次归类。考虑不同行业用户的电压偏差敏感度，根据用户的行业电压偏差敏感等级，对行业用户进行第一次归类。同类用户在相同电压偏差下失负荷率相近，可认为其电压静特性也相似。

（3）行业用户第二次归类。建立各行业用户在不同季节、上班制度下，工作日与非工作日的归一化典型日负荷曲线。考虑行业用户主要设备的运行时段和时变情况，依据日负荷曲线的形状相似性，对行业用户进行第二次归类。

（4）综合两次行业用户归类结果，划分用户类型。

**3. 选取样本用户**

为了全面获取用户在不同电压偏差下的负荷变化情况，从每类用户中选取足够多的典型用户作为分析样本。

**4. 构建静态有功负荷模型**

依据各典型用户在多日同一时刻的电压和有功功率数据，采用总体测辨法，分时段建立该类用户的静态有功负荷模型。时段的划分可依据负荷曲线的变化规律以及模型的精度需求进行调整。

**5. 负荷模型检验**

若发现同类用户在电压偏差下的负荷曲线相似性下降，或在某一时刻的电压静特性差异过大，导致模型计算结果与实际数据误差较大，则对该类用户进行进一步细分，并分别建立静态有功负荷修正模型。重复检验过程，直到误差下降至合理范围内。

**6. 隐性缺供电量估算**

根据用户电压偏差情况，依据分时段静态有功负荷模型，计算隐性缺供电量。

### 3.2.2 构建分时段静态有功负荷模型

电力系统负荷建模方法包括统计综合法和总体测辨法等。在本书场景中，更适合采用总体测辨法来建立各类用户的分时段静态有功负荷模型，将用户负荷作为一个整体，选择适合的负荷模型结构，并依据采集的数据通过最小二乘法对负荷模型参数进行辨识。

划分用户类型后，设某类用户共选取了 $n$ 个样本用户进行分析，根据电能量数据，对第 $i$ 个用户（$i=1$，2，…，$n$）在时刻 $t$ 的有功功率和电压可建立下述 ZIP 型静态负荷模型

$$P_{i,t}=P_{i0,t}\left[A_{ip,t}\left(\frac{U_{i,t}}{U_0}\right)^2+B_{ip,t}\frac{U_{i,t}}{U_0}+C_{ip,t}\right] \tag{3-5}$$

式中　$P_{i,t}$、$U_{i,t}$——实际有功功率和电压；

$U_0$——额定电压；

$A_{ip,t}$、$B_{ip,t}$、$C_{ip,t}$——负荷模型参数；

$P_{i0,t}$——用户 $i$ 在时刻 $t$ 的额定有功功率。

通过对 $n$ 个样本用户的负荷模型进行参数辨识，获得 $A_{p,t}$、$B_{p,t}$、$C_{p,t}$。根据 $A_{p,t}+B_{p,t}+C_{p,t}=1$，令 $U_{i,t}=U_0$，则 $P_{i,t}=P_{i0,t}$。

令

$$\alpha_{0,t}=\frac{P_{i0,t}}{P_{i0,\max}} \tag{3-6}$$

式中　$P_{i0,\max}$——用户 $i$ 在额定电压下的负荷峰值。

由于同类用户的日负荷曲线具有相似性，因此同类用户的 $\alpha_{0,t}$ 也相同。

则有

$$P_{i,t}=\alpha_{0,t}P_{i0,\max}\left[A_{p,t}\left(\frac{U_{i,t}}{U_0}\right)^2+B_{p,t}\frac{U_{i,t}}{U_0}+C_{p,t}\right] \tag{3-7}$$

对式（3-7）进行标幺化处理，令

$$\begin{cases}P^*(U^*,t)=\dfrac{P_{i,t}}{P_{i0,\max}}\\ U^*=\dfrac{U_{i,t}}{U_0}\end{cases} \tag{3-8}$$

并令 $A'_p(t)=\alpha_{0,t}A_{p,t}$，$B'_p(t)=\alpha_{0,t}B_{p,t}$，$C'_p(t)=\alpha_{0,t}C_{p,t}$，可得

$$P^*(U^*,t)=A'_p(t)\cdot(U^*)^2+B'_p(t)\cdot U^*+C'_p(t) \tag{3-9}$$

式中　$P^*(U^*,t)$——该类用户的有功功率与时间和电压之间的关联关系；

$A'_p(t)$、$B'_p(t)$、$C'_p(t)$——负荷模型参数的时变性；

$U^*$——用户实际电压与额定电压之间的偏差程度。

建立所有时刻的负荷模型，便可获得该类用户的分时段静态有功负荷模型，确定用户的用电时段和电压后，可估算该类用户在此时段的有功功率与额定功率之间的差距。

### 3.2.3　估算电压偏低型隐性缺供电量

依据所建立的按用户分类的分时段静态负荷模型，根据不同用户的实际电压偏差情况，估算每个用户的隐性缺供电量。设在统计期间，用户 $i$ 共出现 $h$ 种电压偏低情况，在第 $l$（$l=1$，2，…，$h$）种情况下，电压幅值为 $U_l$，持续时间为 $T_l$；所建负荷模型共分为 $r$ 个时段；选取其中一天作为统计日，则用户 $i$ 在该电压偏差下的隐性缺供电量为

$$\Delta W_{il}=\sum_{g=1}^{r}[P^*(1,t_g)P_{i0,\max}(t_{g+1}-t_g)]\frac{T_l}{24}-W_{il} \tag{3-10}$$

其中

$$P_{i0,\max}=\frac{P_{i,t_g}}{P^*\left(\dfrac{U_l}{U_0},t_g\right)} \tag{3-11}$$

式中　$t_g$（$g=1$，2，…，$r$）——依据负荷模型划分的时刻；

$P^*(1,t_g)$——该类用户在额定电压时的负荷模型；

$W_{il}$——在此期间智能电表统计的电量；

$P_{i0,\max}$——用户 $i$ 在额定电压下的负荷峰值；

$P_{i,t_g}$——用户 $i$ 在 $t_g$ 时刻的实际有功功率；

$U_0$——额定电压。

则在统计期间，用户 $i$ 的总隐性缺供电量为

$$\Delta W_i = \sum_{l=1}^{h} \Delta W_{il} \tag{3-12}$$

下面结合算例，对本书的隐性缺供电量估算方法进行进一步说明。

## 3.3 算例分析

本书以一条 10kV 馈线供电的配电网作为研究对象，对该配电网由电压偏低导致的隐性缺供电量进行考察。该配电网的拓扑结构如图 3-3 所示，共包含 19 个负荷点，各负荷点用户情况如表 3-2 所示，统计时间为 1 年。

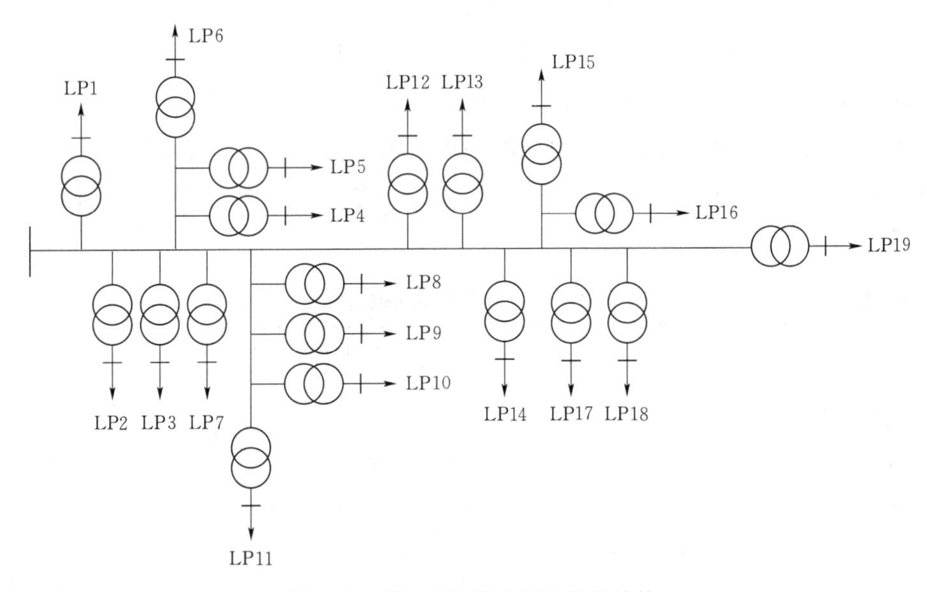


图 3-3　某 10kV 配电网的拓扑结构

**表 3-2　各负荷点用户情况**

| 负荷点编号 | 配电变压器类型 | 用户类型 | 用户数 | 负荷点编号 | 配电变压器类型 | 用户类型 | 用户数 |
|---|---|---|---|---|---|---|---|
| LP1 | 专变 | 工业 | 1 | LP7 | 公变 | 居民 | 93 |
| LP2 | 专变 | 工业 | 1 | LP8 | 公变 | 居民 | 107 |
| LP3 | 专变 | 工业 | 1 | LP9 | 专变 | 商业 | 1 |
| LP4 | 专变 | 工业 | 1 | LP10 | 专变 | 工业 | 1 |
| LP5 | 公变 | 居民 | 82 | LP11 | 专变 | 工业 | 1 |
| LP6 | 专变 | 工业 | 1 | LP12 | 专变 | 工业 | 1 |

续表

| 负荷点编号 | 配电变压器类型 | 用户类型 | 用户数 | 负荷点编号 | 配电变压器类型 | 用户类型 | 用户数 |
|---|---|---|---|---|---|---|---|
| LP13 | 专变 | 工业 | 1 | LP16 | 专变 | 工业 | 1 |
| LP14 | 专变 | 工业 | 1 | LP17 | 专变 | 工业 | 1 |
| LP15 | 公变 | 居民 | 132 | LP18 | 专变 | 工业 | 1 |
| | | 商业 | 1 | LP19 | 公变 | 居民 | 127 |

由于单个居民用户的用电行为具有较大随机性，本算例对居民用户进行了整合，其中电压取该负荷点所有居民用户的电压平均值，有功功率则为居民用户的有功功率之和。

### 3.3.1 用户电压偏差情况

统计各用户电压数据、由于在非工作日时，该馈线负荷较轻，基本无电压偏低问题，因此，本算例仅对工作日期间各用户的隐性缺供电量进行研究，所统计年份全年工作日共248天。各负荷点用户在不同季节的标幺化电压平均值如表3-3所示。可见，该配电网用户存在一定程度的电压偏低问题，其中：LP16、LP17的夏季电压平均值偏低超过7%，LP18全年的电压平均值均偏低超过7%，电压偏低问题较严重。

**表3-3　　各用户在不同季节的电压偏差情况**

| 负荷点编号 | 电压平均值 | | | |
|---|---|---|---|---|
| | 春 | 夏 | 秋 | 冬 |
| LP1 | 1.02 | 1.00 | 1.02 | 1.03 |
| LP2 | 1.02 | 0.99 | 1.01 | 1.02 |
| LP3 | 0.99 | 0.97 | 0.99 | 0.99 |
| LP4 | 0.99 | 0.97 | 0.99 | 0.99 |
| LP5 | 1.00 | 0.98 | 1.00 | 1.00 |
| LP6 | 0.96 | 0.94 | 0.96 | 0.97 |
| LP7 | 0.98 | 0.96 | 0.98 | 0.99 |
| LP8 | 0.96 | 0.94 | 0.96 | 0.97 |
| LP9 | 0.96 | 0.94 | 0.96 | 0.97 |
| LP10 | 0.97 | 0.95 | 0.97 | 0.97 |
| LP11 | 0.95 | 0.93 | 0.95 | 0.95 |
| LP12 | 0.97 | 0.95 | 0.97 | 0.97 |

续表

| 负荷点编号 | 电压平均值 | | | |
|---|---|---|---|---|
| | 春 | 夏 | 秋 | 冬 |
| LP13 | 0.97 | 0.95 | 0.97 | 0.97 |
| LP14 | 0.96 | 0.94 | 0.96 | 0.96 |
| LP15（居民） | 0.92 | 0.90 | 0.92 | 0.92 |
| LP15（商业） | 0.92 | 0.91 | 0.91 | 0.92 |
| LP16 | 0.94 | 0.92 | 0.94 | 0.95 |
| LP17 | 0.94 | 0.92 | 0.94 | 0.94 |
| LP18 | 0.91 | 0.89 | 0.91 | 0.91 |
| LP19 | 0.95 | 0.93 | 0.95 | 0.95 |

## 3.3.2 用户分类

该配电网的用户包括工业用户、商业用户和居民用户；其中工业用户包括电子设备制造业，金属制品业，黑色金属冶炼及压延加工业，食品、饮料和烟草制造业，服装鞋帽、皮革羽绒及其制造业，纺织业。

根据行业电压偏差敏感等级，可将该配电网用户归为3类，如表3-4所示；按照用户的归一化典型日负荷曲线，将用户归为5类，如表3-5所示；结合两次归类结果，获得最终的用户类型划分，如表3-6所示。

**表3-4　按照行业电压偏差敏感等级的用户归类**

| 类别 | 用户行业 |
|---|---|
| Ⅰ | 电子设备制造业，金属制品业，黑色金属冶炼及压延加工业 |
| Ⅱ | 食品、饮料和烟草制造业，服装鞋帽、皮革羽绒及其制造业，纺织业 |
| Ⅲ | 商贸，居民 |

**表3-5　按照日负荷曲线变化规律的用户归类**

| 类别 | 负荷曲线类型 | 用户行业 | |
|---|---|---|---|
| 1 | 双峰型 | 工业 | 电子设备制造业，金属制品业，服装鞋帽、皮革羽绒及其制造业，纺织业，黑色金属冶炼及压延加工业 |
| 2 | 平坦型 | | 食品、饮料和烟草制造业，纺织业 |
| 3 | 日低谷型 | | 黑色金属冶炼及压延加工业 |
| 4 | 单峰型 | 商业 | 商贸 |
| 5 | 晚高峰型 | 居民 | 居民 |

表 3-6　　用 户 分 类

| 用户类型 | 用 户 行 业 | 用户分类 | 负荷点 |
|---|---|---|---|
| 工业用户 1 | 电子设备制造业，金属制品业，黑色金属冶炼及压延加工业 | Ⅰ1 | LP3、LP10、LP17、LP18 |
| 工业用户 2 | 黑色金属冶炼及压延加工业 | Ⅰ3 | LP6、LP11 |
| 工业用户 3 | 服装鞋帽、皮革羽绒及其制造业，纺织业 | Ⅱ1 | LP2、LP4、LP14 |
| 工业用户 4 | 食品、饮料和烟草制造业，纺织业 | Ⅱ2 | LP1、LP12、LP13、LP16 |
| 商业用户 | 商贸 | Ⅲ5 | LP9、LP15 |
| 居民用户 | 居民 | Ⅲ6 | LP5、LP7、LP8、LP15、LP19 |

## 3.3.3　构建分时段静态有功负荷模型

经统计，该地区用户在春、秋、冬季的负荷基本不变，而在夏季负荷普遍升高。故以 1 小时作为一个时段，根据用户电压和有功功率数据，通过 MATLAB 软件采用最小二乘法进行模型参数辨识，对各类用户分别建立春、秋、冬季和夏季的静态有功负荷模型。其中，各类典型用户在额定电压下不同季节的日负荷曲线和夏季有功负荷随电压变化情况如图 3-4～图 3-6 所示。

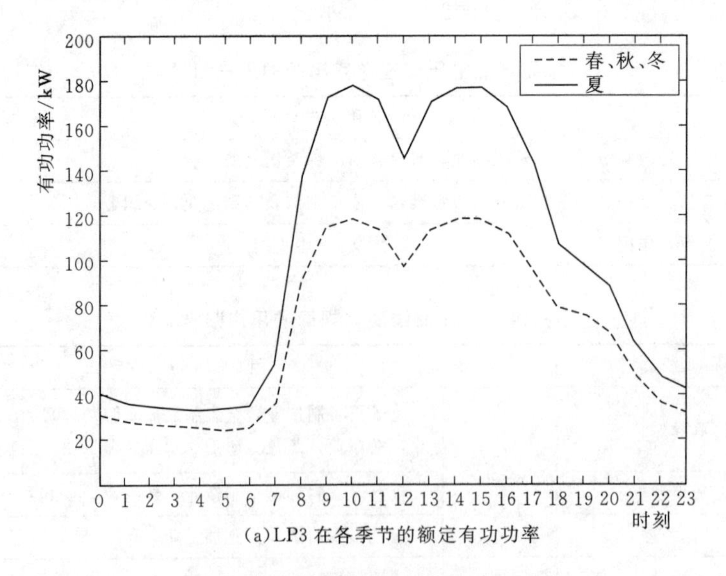

(a)LP3 在各季节的额定有功功率

图 3-4（一）　工业用户 LP3 的负荷变化情况

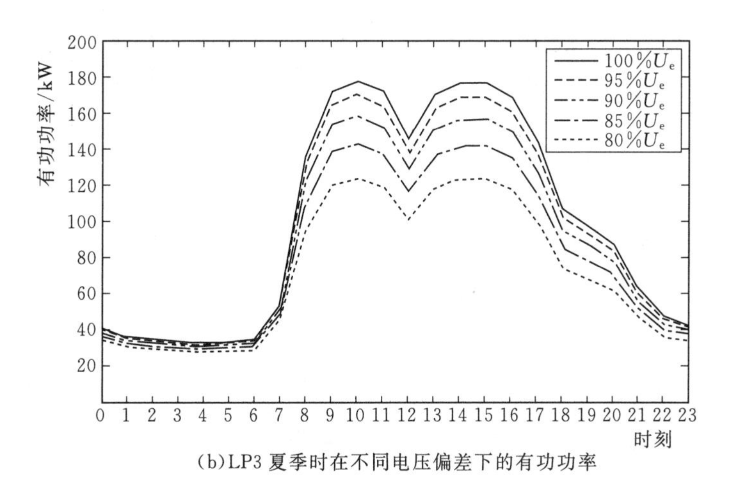


(b)LP3 夏季时在不同电压偏差下的有功功率

图 3-4（二） 工业用户 LP3 的负荷变化情况

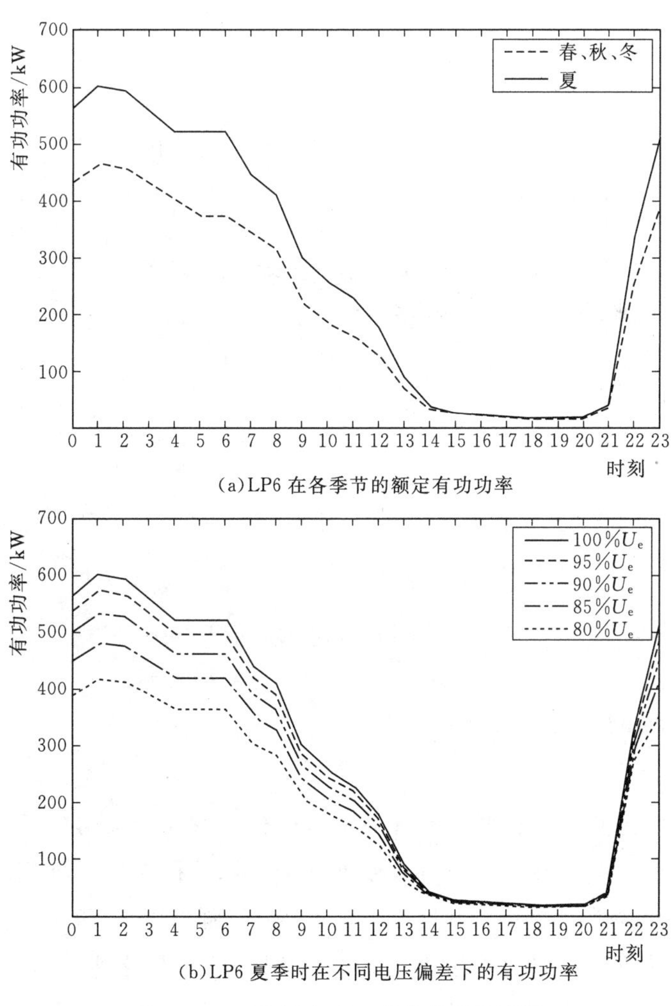


(a)LP6 在各季节的额定有功功率

(b)LP6 夏季时在不同电压偏差下的有功功率

图 3-5 工业用户 LP6 的负荷变化情况

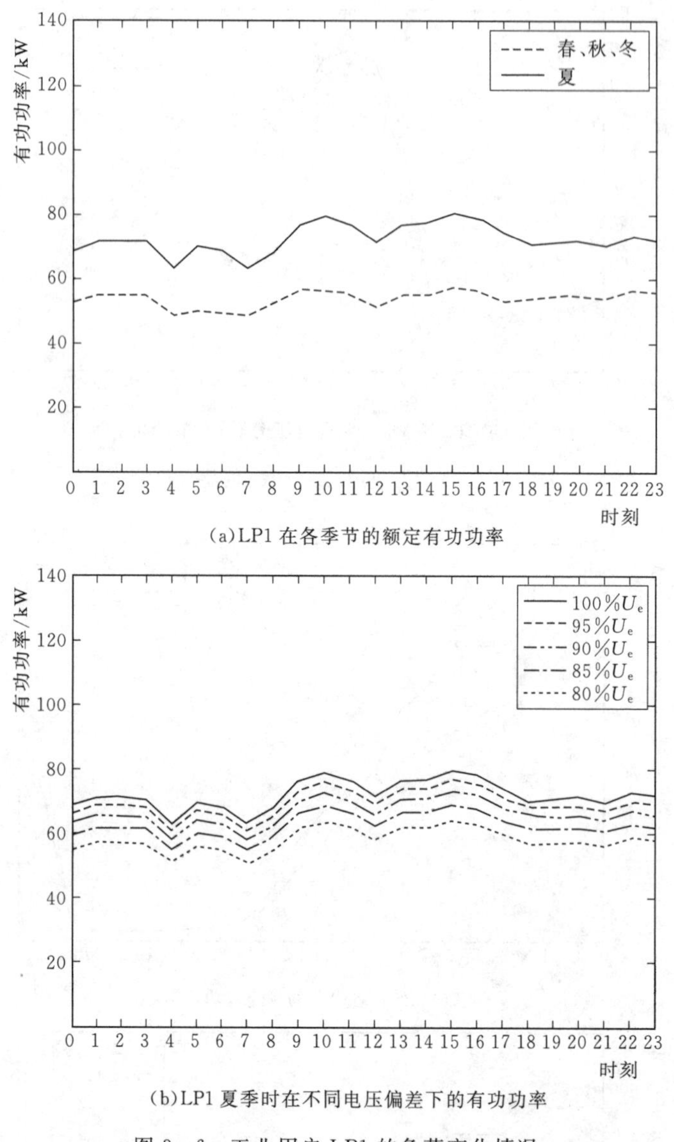


(a)LP1 在各季节的额定有功功率



(b)LP1 夏季时在不同电压偏差下的有功功率

图 3-6　工业用户 LP1 的负荷变化情况

## 3.3.4　计算隐性缺供电量

根据本书所提出的电压偏低型隐性缺供电量估算方法，通过所采集的用户电能数据以及 3.3.3 节中获得的各类用户负荷模型，经计算获得工作日期间各负荷点用户在四个季节的总隐性缺供电量和失电量比，如图 3-7 和图 3-8 所示。其中，该配电网由电压偏低导致的总隐性缺供电量为 416.96MWh，失电量比达到 4.4%，平均等效停电时间为 7.07 小时。按照 1 元/kWh 的平均电价，因隐性缺供电量产生的售电收益损失达到 41.696 万元。

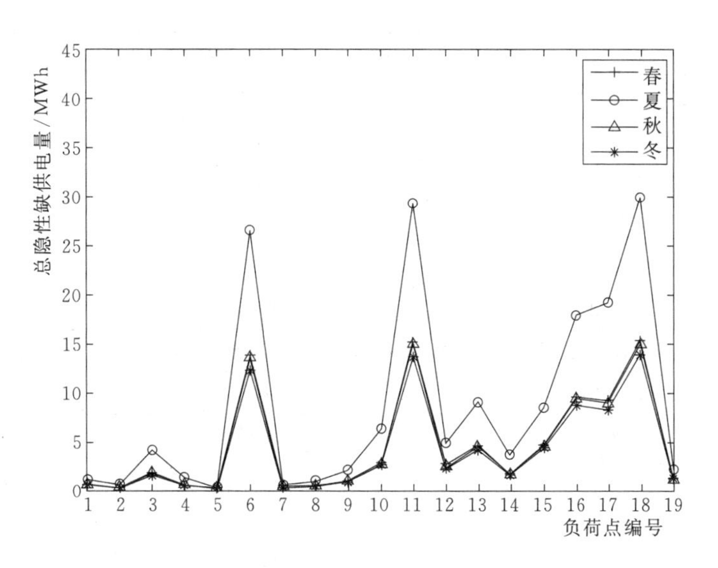


图 3-7 各负荷点用户的总隐性缺供电量

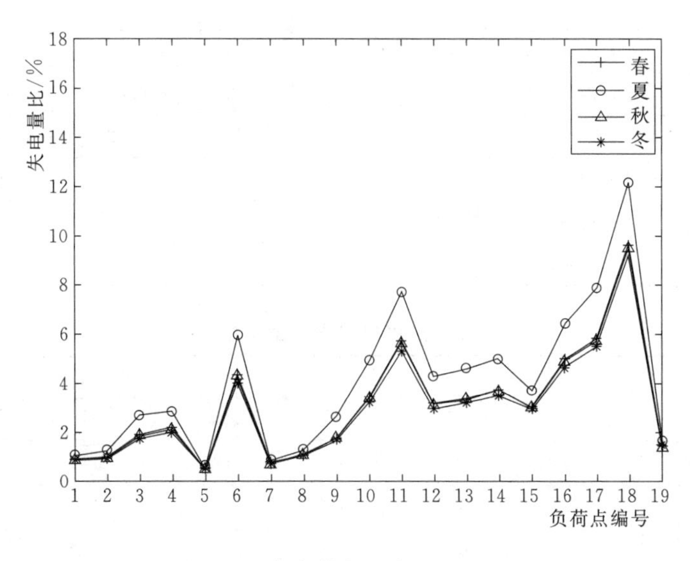


图 3-8 各负荷点用户的失电量比

## 3.3.5 结果分析

根据 3.3.4 节中的计算结果，将各负荷点用户分别按照全年总隐性缺供电量和失电量比从高至低进行排序，排序结果如表 3-7 和表 3-8 所示。

**表 3-7　　各负荷点用户的隐性缺供电量排序**

| 负荷点编号 | 用户类型 | 隐性缺供电量/MWh | | | | |
|---|---|---|---|---|---|---|
| | | 春 | 夏 | 秋 | 冬 | 总计 |
| LP18 | 工业用户 1 类 | 15.30 | 29.90 | 14.95 | 13.93 | 74.08 |
| LP11 | 工业用户 2 类 | 15.19 | 29.29 | 14.94 | 13.64 | 73.05 |
| LP6 | 工业用户 2 类 | 13.72 | 26.58 | 13.49 | 12.29 | 66.09 |
| LP16 | 工业用户 4 类 | 9.60 | 17.94 | 9.39 | 8.70 | 45.63 |
| LP17 | 工业用户 1 类 | 9.20 | 19.18 | 8.95 | 8.24 | 45.56 |
| LP13 | 工业用户 4 类 | 4.68 | 9.04 | 4.54 | 4.19 | 22.45 |
| LP15（商业） | 商业用户 | 3.17 | 5.89 | 3.12 | 2.91 | 15.08 |
| LP10 | 工业用户 1 类 | 2.89 | 6.33 | 2.80 | 2.56 | 14.57 |
| LP12 | 工业用户 4 类 | 2.54 | 4.89 | 2.46 | 2.27 | 12.16 |
| LP3 | 工业用户 1 类 | 1.91 | 4.20 | 1.84 | 1.68 | 9.64 |
| LP14 | 工业用户 3 类 | 1.75 | 3.71 | 1.70 | 1.57 | 8.73 |
| LP15（居民） | 居民用户 | 1.46 | 2.54 | 1.44 | 1.34 | 6.78 |
| LP19 | 居民用户 | 1.15 | 2.09 | 1.13 | 1.04 | 5.40 |
| LP9 | 商业用户 | 1.02 | 2.15 | 1.00 | 0.91 | 5.07 |
| LP4 | 工业用户 3 类 | 0.66 | 1.36 | 0.64 | 0.59 | 3.25 |
| LP1 | 工业用户 4 类 | 0.69 | 1.13 | 0.63 | 0.61 | 3.07 |
| LP8 | 居民用户 | 0.53 | 0.98 | 0.52 | 0.47 | 2.50 |
| LP2 | 工业用户 3 类 | 0.32 | 0.64 | 0.30 | 0.29 | 1.55 |
| LP7 | 居民用户 | 0.30 | 0.56 | 0.29 | 0.27 | 1.42 |
| LP5 | 居民用户 | 0.19 | 0.35 | 0.18 | 0.16 | 0.88 |

**表 3-8　　各负荷点用户的失电量比排序**

| 负荷点编号 | 用户类型 | 失电量比/% | | | | |
|---|---|---|---|---|---|---|
| | | 春 | 夏 | 秋 | 冬 | 总计 |
| LP18 | 工业用户 1 类 | 9.54 | 12.14 | 9.48 | 9.12 | 10.33 |
| LP17 | 工业用户 1 类 | 5.73 | 7.79 | 5.67 | 5.40 | 6.35 |
| LP11 | 工业用户 2 类 | 5.61 | 7.71 | 5.61 | 5.29 | 6.22 |
| LP16 | 工业用户 4 类 | 4.88 | 6.37 | 4.85 | 4.64 | 5.31 |
| LP6 | 工业用户 2 类 | 4.26 | 5.90 | 4.26 | 4.01 | 4.73 |
| LP14 | 工业用户 3 类 | 3.66 | 5.00 | 3.62 | 3.45 | 4.07 |
| LP15（商业） | 商业用户 | 3.72 | 4.87 | 3.72 | 3.59 | 4.07 |
| LP10 | 工业用户 1 类 | 3.41 | 4.88 | 3.36 | 3.17 | 3.85 |
| LP13 | 工业用户 4 类 | 3.36 | 4.53 | 3.31 | 3.16 | 3.69 |
| LP12 | 工业用户 4 类 | 3.11 | 4.19 | 3.06 | 2.92 | 3.41 |

续表

| 负荷点编号 | 用户类型 | 失电量比/% | | | | |
|---|---|---|---|---|---|---|
| | | 春 | 夏 | 秋 | 冬 | 总计 |
| LP4 | 工业用户3类 | 2.09 | 2.79 | 2.05 | 1.97 | 2.30 |
| LP15（居民） | 居民用户 | 2.05 | 2.26 | 2.05 | 1.98 | 2.11 |
| LP3 | 工业用户1类 | 1.85 | 2.67 | 1.81 | 1.71 | 2.09 |
| LP9 | 商业用户 | 1.72 | 2.58 | 1.73 | 1.62 | 1.98 |
| LP19 | 居民用户 | 1.34 | 1.56 | 1.34 | 1.28 | 1.41 |
| LP8 | 居民用户 | 1.02 | 1.22 | 1.03 | 0.97 | 1.08 |
| LP2 | 工业用户3类 | 0.93 | 1.20 | 0.87 | 0.87 | 1.00 |
| LP1 | 工业用户4类 | 0.85 | 0.99 | 0.80 | 0.80 | 0.87 |
| LP7 | 居民用户 | 0.68 | 0.80 | 0.67 | 0.64 | 0.71 |
| LP5 | 居民用户 | 0.46 | 0.56 | 0.45 | 0.43 | 0.48 |

由表3-7可知，全年总隐性缺供电量最大的用户分别为LP18、LP11和LP6，且这3个用户在夏季时的隐性缺供电量最大。因此从减少的用电量总量来说，LP18、LP11和LP6受电压偏低影响最大，并且因此而导致的供电企业售电收益损失也相较于其他用户更多。根据表3-8，全年失电量比排位前三的用户分别为LP18、LP17和LP11，并且这3个用户在夏季的失电量比最大。从用户负荷受到压抑的程度来说，显然LP18、LP17和LP11的设备运行情况受到电压偏低的影响最严重。

供电企业应着重关注上述这4个用户，特别是LP18，通过电压质量的提升以改善用户的用电情况，提高用户满意度，同时增加自身的售电收益。

通过该算例，证明本书方法能够对不同类型用户因电压偏低导致的隐性缺供电量进行估算，并可筛选出受电压偏低问题严重影响的用户，帮助供电企业有针对性地进行电压质量提升工作，具有可行性和实用性。

## 3.4 本章小结

本章主要进行了以下工作：

（1）设计了一种电压偏低型隐性缺供电量的估算方法。根据前文建立的用户侧供电可靠性指标体系，该方法旨在基于电能量数据建立电压质量与用户侧供电可靠性之间的关联模型。首先，根据行业用户的电能质量敏感等级和归一化典型负荷曲线形状相似性，将用户按照其所属行业进行分类；然后，从时间和电压两个维度构建不同类型用户的分时段静态有功负荷模型，确定不同时段、不同电压偏低程度下各类用户的失负荷情况，并据此估算用户的隐性缺供电量。

(2) 通过算例分析验证所提方法的有效性。以一条10kV馈线供电的配电网作为算例，验证了该隐性缺供电量估算方法能够有效反映电压偏低问题对不同类型用户的用户侧供电可靠性水平的影响程度，可对海量的用户数据进行分析，有效挑选出用户侧供电可靠性方面急需关注的对象，可用于指导供电企业有针对性地开展电压质量提升工作。

# 参 考 文 献


[1] 肖湘宁，等．电能质量分析与控制［M］．北京：中国电力出版社，2010：54－56.

[2] 徐兵．基于在线数据的负荷建模研究［D］．济南：山东大学，2013.

[3] 张泽中．考虑负荷模型的潮流计算在低电压治理中的应用研究［D］．兰州：兰州交通大学，2018.

[4] 向洁．计及复合负荷模型的静态电压稳定研究［D］．太原：太原理工大学，2011.

[5] 刘遵义，郜洪亮，余晓鹏，纪勇．照明用电设备的负荷建模研究［J］．河南电力，2005（04）：1－6.

[6] 刘丽媛．兼顾用户用电体验和电能质量的配电网供电可靠性评估研究［D］．广州：华南理工大学，2018.

[7] 李翔．基于用电行业分类的中长期电量预测方法研究［D］．广州：华南理工大学，2016.

# 第4章

# 电压暂降和供电可靠性的关联机理分析和关联模型研究

电能质量问题包括电压偏差、频率偏差、三相不平衡、谐波和电压暂降等。随着电子化、计算机化、信息化设备的大量应用，电压暂降是目前最突显也最受关注的电能质量问题。电压暂降可能导致计算机系统紊乱或重启、调速设备异常跳闸，以及其他机电设备的误操作，还可能引起继电保护装置的误动或拒动。在许多发达国家，电压暂降已成为影响工商业用户的最主要电能质量问题；在国内，关于电压暂降的投诉也越来越多。可以想见，设备（自动化生产流水线）的异常，不仅导致可见的生产过程的短暂停顿，甚至是或大或小的生产事故；但更重要的是，生产过程中看不见的影响，例如影响印刷精美度、加工精准度等当代工业比较突出的技术指标，继而直接影响产品良品率，造成隐性的生产成本增加。针对隐性缺供电量和等效停电次数指标，本章首先对电压暂降问题对用户侧供电可靠性的影响进行了机理性分析，并提出了电压暂降导致的隐性缺供电量的分析和估算方法。

## 4.1 电压暂降对用电量的影响机理

### 4.1.1 电压暂降问题的发展及其影响

近年来，随着工业规模的不断扩大和现代工业技术的迅猛发展，电网电气化程度越来越高，越来越多电力用户的用电设备都带有基于微处理机的数字控制器或功率电子器件。一方面，这些设备对各种电磁干扰极为敏感，使得原本微不足道和不甚关心的电能质量问题可能影响其正常工作，因此对供电系统的电能质量提出了更高的要求；另一方面，这些设备的使用对系统安全运行造成的影响也不断增加，电能质量问题日益严重。

随着电力系统市场化改革进程的推进，“厂网分开，竞价上网”模式已形成共识，电力用户有一定的自由去寻觅满意的供电商，供电商也需要努力保证电能质量来拉拢电力用户。供电商保证所提供电能的质量，必然能一定程度上提高自身的市场竞争力。在暂态电能质量问题中，电压暂降问题逐渐成为所有问题之首。据有关扰动问题统计数据，电压暂降造成的危害占总电能质量问题的比例达80%，而由过电压、谐波等引起的电能质量问题所占比例不到20%，电压暂降已上升为主要的电能质量问题。因此，对电压暂降问题的分析研究，对于定位电压暂降源头、改善电能质量、提高电力及其服务供应商的竞争力具有重要意义。

电压暂降类型多样，不同类型的电压暂降对电网危害程度也不同。对电压暂降进行及时监测，并区分电压暂降类型，有利于查明事故原因，保障电网可靠供电。目前，我国电网电能质量监测装置的数量有限，而且对于现有监测装置获取的暂降录波波形，主要依靠运行人员的经验进行分类处理，分类识别难度较大；随着电能质量监测系统的快速发展，系统逐渐能够获取大量的电压暂降监测数据，但相对于广泛存在的电压暂降问题而言，监测点、监测数据仍然偏少。历经多年的发展，电能质量问题中的电压偏差、谐波、三相不平衡等问题已逐渐为供用电双方所认知、治理，数据特征、治理成本也比较清晰。但同样一个时段（如10min）的数据监测过程，电压暂降的数据量是这些传统电能质量数据的数百乃至数千倍。此外，电压暂降具有偶发性、突然性等特点，既受电网系统的内部电气信息的影响，也受电网系统的外部信息（雷雨天气、环境污染、快速变化的负荷等）的影响，使得其监测设备的成本是传统电能质量监测装置的数十乃至数百倍。更进一步，电压暂降的治理技术、治理设备也更昂贵，这也是电压暂降难以积极治理的主要制约因素。

另外，由于分布式电源、微网、电动汽车等新兴负荷的接入，电能质量问题愈加复杂，电压暂降的成因和波形也愈加复杂。在实测电压信号中，电压暂降波形会呈现更为复杂多变的形态，不仅可能包含多级电压暂降，而且存在暂降过程相对“光滑”、暂降起止时刻并不明显的信号。同时，电压暂降信号中往往还夹杂有噪声、谐波、波动等干扰，这些扰动将会增加电压暂降问题的监测及识别难度。如果能对这些实测信号进行分析，有效监测并剔除各种扰动信号，获取不同类型电压暂降的指纹特征信息，并结合合适的模式识别方法，以期未来从大量实测数据中准确检测出电压暂降信号，同时甄别出电压暂降类型，这对供电、用电及设备制造商等多方全面掌握电压暂降特征、有效差异化治理电压暂降问题、提高电网电能质量具有非常重要的作用。但监测设备技术参数和功能的大幅提高，相关价格和监测工作的成本也必然随之增加。

所导致的结果就是，目前电压暂降监测装置、监测数据仍然比较少，针对于各行各业的专门性、长期性的监测数据更少，供用电双方对电压暂降的认知大多在于基本概念和数据波形的理解，对电压暂降的起因、影响（尤其是长期性影响）的认知不足。

总体上看，电压暂降监测技术、监测设备/系统的短板短期是难以解决的，其成本问题导致该问题只能是循序渐进地解决。当前绕开电压暂降信息的监测障碍，从结果上分析电压暂降对可靠性造成的影响更为可行。

### 4.1.2 电压暂降对负荷设备非正常工作的影响机理

电压暂降定义为工频电压均方根值突然下降至0.1～0.9 p.u. 之间，持续时间从0.5个周波至1min的现象。短时中断则是指工频电压均方根值突然下降至0.1 p.u. 以下，持续时间从0.5个周波至1min的现象。电压暂降对部分设备的影响归纳如下：

（1）低压脱扣器。若未设置延时，当电压暂降发生时低压脱扣器发生脱扣，所连接的设备全部停运，导致用电量大幅下降；若设置延时，当电压暂降发生时，低压脱扣器不发生脱扣，所连接设备中非敏感设备不受影响，敏感设备停运。

（2）交流接触器、继电器。当电压暂降发生时，短时电压下降导致线圈电磁吸力小于弹簧拉力，发生脱扣，所连接的设备全部停运。电压低于70%甚至更高时，交流接触器就会脱扣。

（3）换流器、逆变器。光伏发电等新能源发电装置在电网的渗透率不断提高，大量基于电力电子器件的换流器、逆变器等对电压暂降也很敏感，且随着新能源在电网中比例的不断增加，如果电网故障引起的电压暂降导致新能源发电装置大量脱网，会造成大面积停电。

（4）电动机。电压暂降产生的冲击电流过大时会引起电流保护动作，导致异步电机退出运行；电压低于80%时，直流电机会被跳闸；调速电机在电压低于70%、持续时间超过6个周期时被跳闸退出运行；用于精细加工的调速电机在电压低于90%、持续时间超过3个周期时被跳闸退出运行。

（5）交流变速驱动器（ASD）。当ASD应用于工业生产过程中，电压暂降会使驱动器跳闸，或使驱动控制器或PWM换流器误动或脱扣，影响或中断生产过程，严重时还会损害生产设备；当ASD应用于日常生活如自动扶梯、电梯中，电压暂降会使电梯或扶梯紧急制动。

（6）机械装置。对用于切割、钻孔与金属处理等的自动装置或复杂机械来说，电压的任何变化都可能影响被加工部件的质量，任何电压的波动，特别是电压暂降，均可能引起自动装置或复杂机械的不安全运行。因此，这种类型的机械装置通常设定在90%额定电压时跳闸。

（7）气体放电灯。在电压暂降气体放电灯熄灭后，需冷却一定时间，待其放电管内金属蒸汽气压下降，金属蒸气凝结后才会再启动，并随着温度逐步升高，发光越来越强直到正常。钠灯冷态启动约 5 min 后进入稳态。熄灭后 20 余秒开始启辉，约 3.5min 恢复正常照明；金属卤化物灯冷态启动约 3min，熄灭后冷却时间长，8～10 min 后恢复正常照明。

(8) 计算机。电压暂降可能使计算机及电子设备的硬件或/和软件的运行发生故障或错误，或使设备的低电压保护或快速过流保护动作而使设备电源跳闸，导致设备断电而彻底停止运行。对于由计算机控制的自动生产线、机器人、机器手、精密加工等，在电压暂降时也可能停止工作或产品质量下降。

(9) 可编程逻辑控制器（PLC）。PLC 广泛应用于各个行业的自动化控制系统中，一旦其遭受到电压暂降事件影响而突然停机重启动或输出指令紊乱，会导致生产过程紊乱、生产设备重启。电压低于 81%时，PLC 停止工作；电压低于 90%、持续几个周期，一些 I/O 设备被切除。

目前，已有相关文献开展了分析评估电压暂降问题对供电可靠性影响的研究工作。有的文献提出基于设备停运概率的电压暂降等效停电次数和等效停电时间指标，作为传统供电可靠性指标的补充；有的文献详细分析了电压暂降对供电可靠性的影响，并提出了暂降经济等效停电时间和考虑电压暂降的供电可靠率修正指标；有的文献提出计及电压暂降的供电可靠性评估方法，采用 SCBEMA 曲线（Computer Business Equipment Manufacturer Association curve，即计算机商业设备制造商协会曲线）作为负荷停运判据，并将敏感负荷停运时间的影响计入常规供电可靠性指标中；有的文献提出了考虑电压暂降和保护性能的配电网供电可靠性评估方法。

综上，与电压偏差问题类似，电压暂降问题已逐渐被纳入可靠性范畴。

### 4.1.3 电压暂降造成设备停运的现象分析

电压暂降会导致低压脱扣、敏感设备跳闸或停运，继而损失部分设备负荷。由于电压暂降在极短时间内的电压变动无法被智能电表记录，会出现电压不变而负荷骤降的情况，因此可通过用户负荷的变化分析用户是否受到电压暂降影响。此外，用户发生负荷下降不一定是由电压暂降造成的，还可能来自于电压偏差、供电中断、用户主动停产或其他原因导致的设备停运等，因此需要进一步分析，探讨电压暂降导致用户负荷发生变化的特征信息。

在实际场景中，由于电压暂降会在系统中渗透传播，当电网中发生电压暂降并影响某 10kV 配电网后，这一配电网下属所有的配电变压器均会出现电压暂降现象。由于用户设备的电能质量敏感度不同，该配电网用户中的敏感负荷会受到影响，出现多个专用变压器或公用变压器下低压脱扣器动作或用户敏感设备停运的情况。如图 4－1

所示，标记为虚线的配电变压器负荷表明其发生了低压脱扣或敏感设备停运，该用户的用电量已发生了下降。

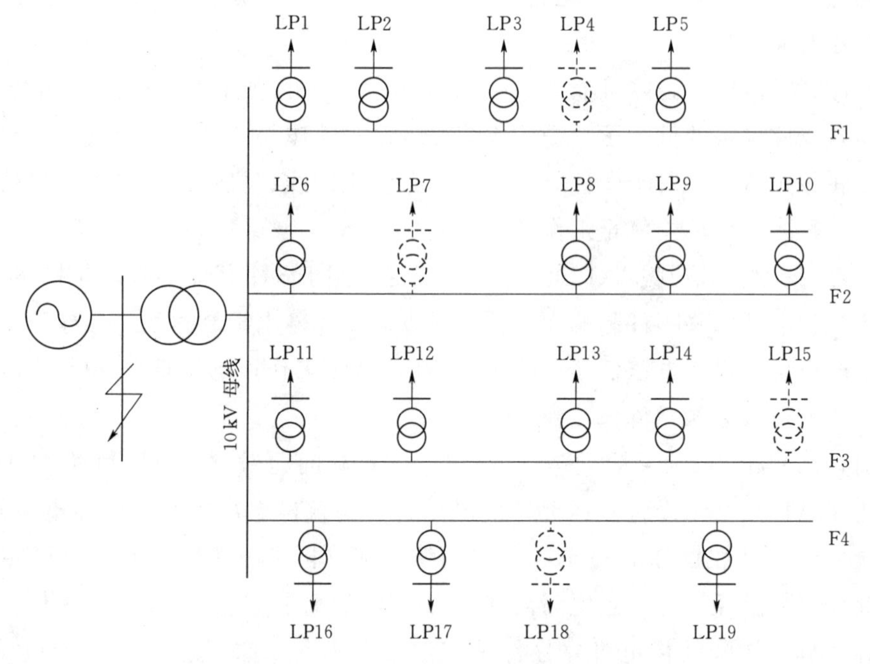


图4-1　10kV配电网受电压暂降影响的用户

以图4-1中馈线F1的负荷点LP4为例，原来的负荷曲线如图4-2所示，由于受到电压暂降的影响，其负荷曲线在第50个点处发生下跌，因此其负荷曲线变为图4-3。

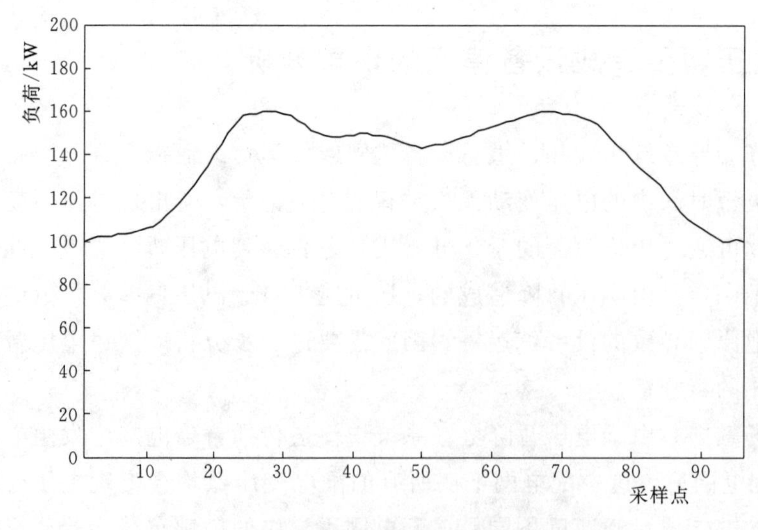


图4-2　配电变压器负荷4的日负荷曲线

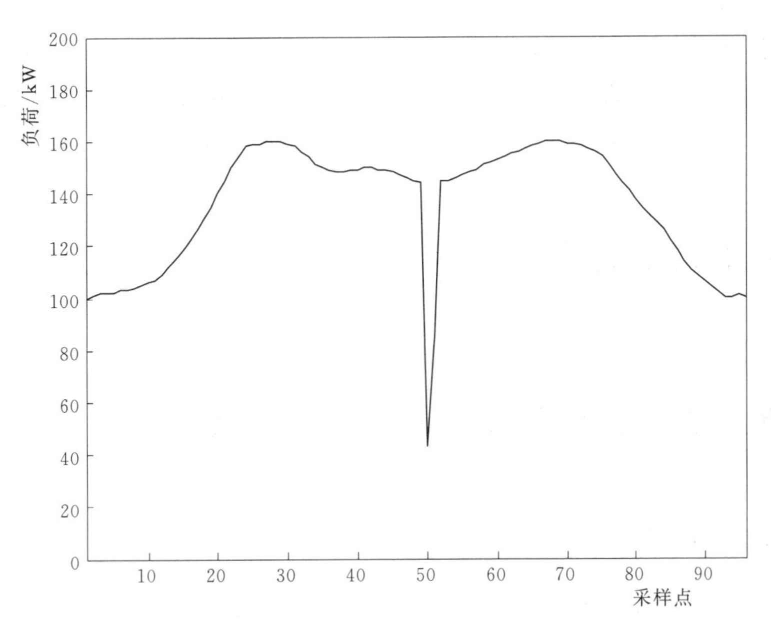


图 4-3 受电压暂降影响后配电变压器负荷 4 的日负荷曲线

根据复电时间的不同，受影响的负荷曲线变化可能有所不同，如图 4-4 所示，其负荷曲线受影响较小，在此时刻的失负荷率及其产生的隐性缺供电量也较小。

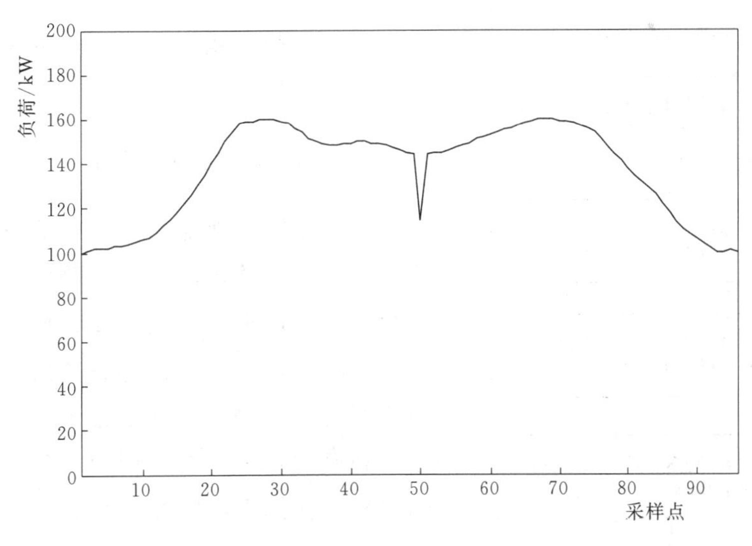


图 4-4 受电压暂降影响较小的日负荷曲线

下面从概率统计的角度，进一步分析同一配电网中多个用户负荷在相同时段发生负荷下跌事件之间的关联性。假设用户每年有 7 天会在自身生产过程中突发状况导致有功功率下降，且这一情况为独立事件，其概率为 $k_1=7/365=1.92\%$；若限定这一负荷下跌的情况在某一特定时段出现，则概率为 $k_2=k_1/96=0.02\%$。可计算获得，2

个用户在相同时段由于各自的独立事件发生功率下跌的概率为 $k_3=365\times96\times k_2{}^2=1.398e^{-3}$。若有更多用户在该时段发生了功率下跌的情况，则这一概率会变得更低。因此可推断，排除特殊情况，当配电网中有多个具有拓扑关系的用户同时出现功率下跌的现象时，更大的可能性是由某一外来扰动原因所共同导致的。

# 4.2　电压暂降和用电量的关联方法

## 4.2.1　基于电能量数据的电压暂降检测方法

### 4.2.1.1　算法步骤

根据 4.1 节中电压暂降对用电量影响的分析，本书提出了一种基于电能量数据的电压暂降检测方法，考虑了电压暂降对具有拓扑关系的多个用户造成负荷骤降变化的时间集中性。算法步骤（图 4－5）如下：

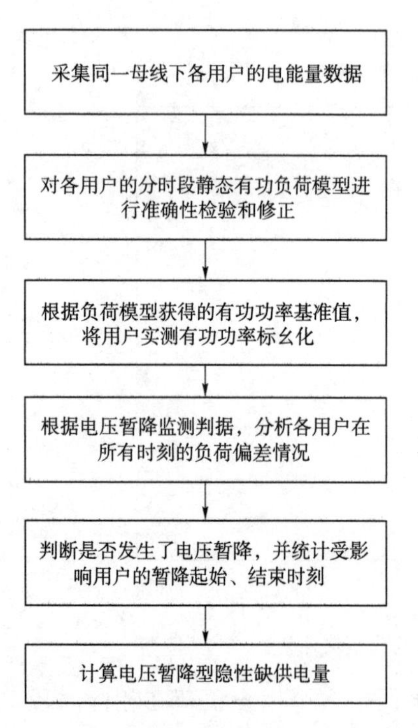


图 4－5　电压暂降监测算法步骤

**1. 电能量数据采集**

采集同一母线下所有用户的电压、有功功率和电量数据。

**2. 负荷模型检验和修正**

为了更准确地对用户的负荷下跌情况进行比较和判断，并排除不同时刻电压偏差对用户负荷的影响，本书采用第 4 章所构建的分时段静态有功负荷模型，计算各类用户在实际电压下应有的有功功率，并根据统计日前后一周的电压和有功功率，对各用户的负荷模型进行准确性检验和修正，使模型误差小于 5%。

**3. 有功功率标幺化**

将负荷模型计算获得的用户在各时刻实际电压下的有功功率作为基准值，对各时刻用户的实际有功功率进行标幺化处理，即

$$P_{i,t_j}^* = \frac{P_{i,t_j}}{P_{i0,t_j}} \tag{4-1}$$

式中 $P_{i,t_j}$、$P_{i,t_j}^*$——用户 $i$ 在时刻 $t_j$ 的实际有功功率的实际值和标幺值；

$P_{i0,t_j}$——依据用户 $i$ 负荷模型计算获得的有功功率理论值。

**4. 负荷偏差情况检测**

根据电压暂降监测判据，对同一母线下各用户在各时刻有功功率实际值与理论值之间的偏差情况进行监测，分析用户是否可能出现电压暂降，监测判据为

$$y_{i,t_j} = 1 - P_{i,t_j}^* - \beta \tag{4-2}$$

式中 $\beta$——用户负荷异常下跌幅度阈值，%；

$y_{i,t_j}$——用户 $i$ 在时刻 $t_j$ 的电压暂降监测判据，当 $y_{i,t_j} \geqslant 0$ 时，反映用户 $i$ 在该时刻负荷异常下跌情况严重，可能受到电压暂降的影响。

**5. 电压暂降判断**

根据电压暂降监测分析流程图，对各用户在各时刻的负荷偏差情况监测结果进行比较分析，判断该配电网是否发生电压暂降；如有，则统计受影响用户的暂降起始时刻和结束时刻。

**6. 隐性缺供电量估算**

根据受影响用户的电压暂降情况，计算隐性缺供电量，并记录电压暂降次数。

#### 4.2.1.2 监测方法

根据用户负荷偏差情况，对用户负荷发生下跌的不同情况进行场景分析：

（1）用户 $i$ 在所有时刻的电压暂降监测判据 $y_{i,t} < 0$，表示该用户负荷正常。

（2）用户 $i$ 在所有时刻的电压暂降监测判据 $y_{i,t} \geqslant 0$，表示该用户出现特殊用电情况，需重新制定负荷模型。

（3）监测到用户 $i$ 在时刻 $t_{j-1}$ 和时刻 $t_j$ 有 $y_{i,t_{j-1}} < 0$ 且 $y_{i,t_j} \geqslant 0$，反映时刻 $t_j$ 用户负荷出现异常下跌情况；若智能电表在时刻 $t_j$ 有停电记录，表示负荷异常下跌原因为停电。

（4）监测到用户 $i$ 在时刻 $t_{j-1}$ 和时刻 $t_j$ 有 $y_{i,t_{j-1}} < 0$ 且 $y_{i,t_j} \geqslant 0$ 且智能电表在时刻 $t_j$ 无停电记录，监测其他用户 $l$ 是否在时刻 $t_{j-1}$ 和时刻 $t_j$ 有 $y_{l,t_{j-1}} < 0$ 且 $y_{l,t_j} \geqslant 0$（$l \in n$ 且 $l \neq i$）且智能电表无停电记录；若无，则用户 $i$ 因其他原因出现部分或全部设备停运情况，或用户主动停产；若有，则判断用户 $i$ 及用户 $l$ 发生了电压暂降。

综上所述，可得电压暂降监测分析流程图如图 4-6 所示。

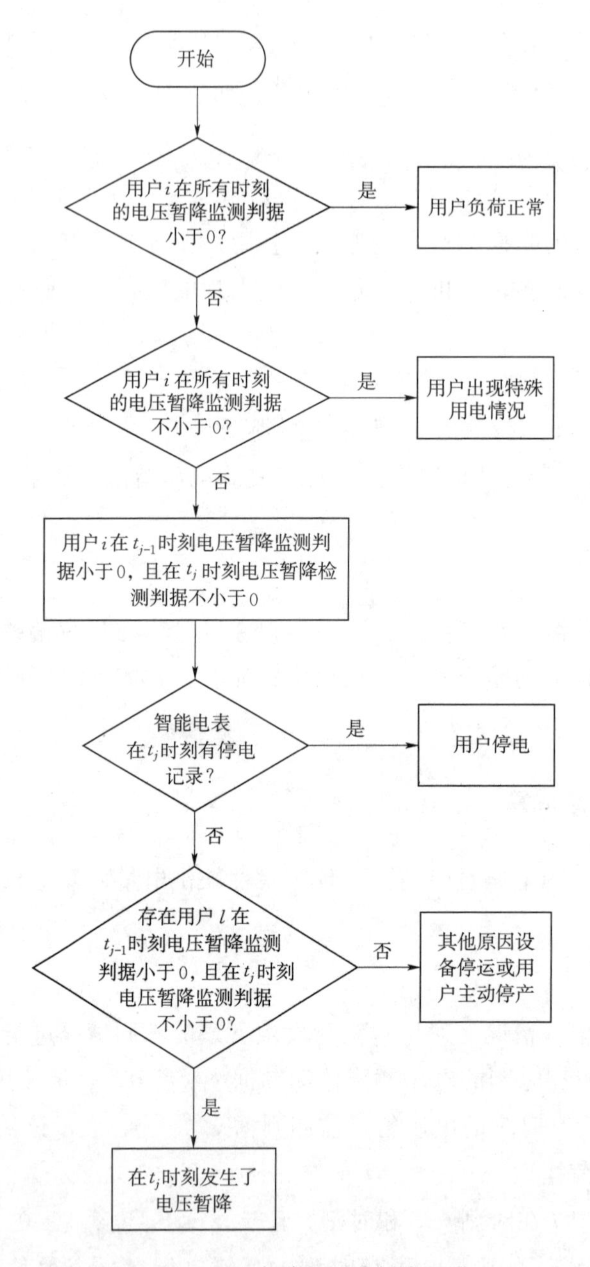


图 4-6　电压暂降监测分析流程图

根据图 4-6，设该配电网共有 $n$ 个用户，在 $m$ 个时刻进行监测，第 $i$（$i=1$，2，…，$n$）个用户在 $t_j$（$j=1$，2，…，$m$）时刻的监测结果为 $y_{i,t_j}$。则当多个用户出现 $y_{i,t_j} \geqslant 0$ 时，表明多个用户在时刻 $t_j$ 同时出现可能受电压暂降导致的负荷异常下跌情况，可判断该配电网中出现了电压暂降事件，并且 $t_{j-1}$ 时刻为本次电压暂降事件中所有受影响用户的暂降影响起始时刻。

确认电压暂降发生后，对各用户的暂降影响结束时刻进行统计。设用户 $i$ 在 $t_{k-1}$ 时刻（$k-1 \geqslant j$）的电压暂降监测判据不小于 0，而在 $t_k$ 时刻的电压暂降监测判据小于 0，则认为 $t_k$ 为用户 $i$ 的电压暂降影响结束时刻，如图 4-7 所示，$P^*$ 为负荷标幺值，实线为用户实际有功功率，虚线为无电压暂降影响时的有功应有值，阴影面积即隐性缺供电量。

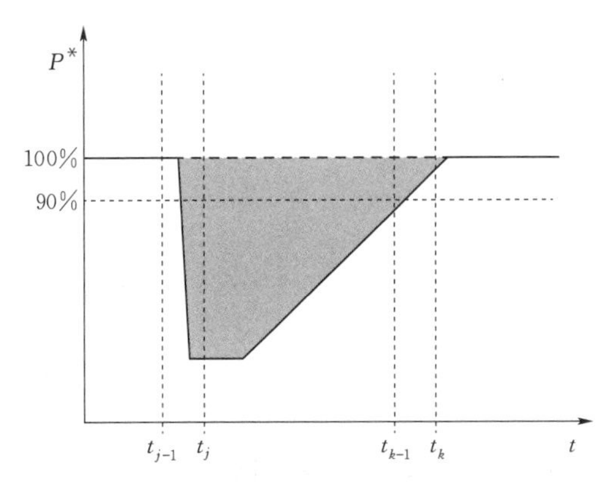


图 4-7 电压暂降型隐性缺供电量示意图

## 4.2.2 电压暂降型隐性缺供电量估算方法

通过 4.2.1 节的电压暂降监测方法，确定统计日受暂降影响的用户及其影响时刻。用户 $i$ 在本次电压暂降中受影响时刻为 $t_{j-1}$ 至 $t_k$，则其隐性缺供电量为

$$\Delta W_i = \sum_{r=j-1}^{k} P_{i,t_r}(t_{r+1} - t_r) - W_{is}, \quad r = j-1, j, \cdots, k \tag{4-3}$$

式中 $P_{i,t_r}$——根据用户 $i$ 的负荷模型计算获得的在 $t_r$ 时刻用户的有功功率应有水平；

$W_{is}$——智能电表统计的用户 $i$ 在 $t_{j-1}$ 至 $t_k$ 时段的实际用电量总和。

在本次电压暂降中，所有受影响用户的总隐性缺供电量为

$$\Delta W = \sum \Delta W_i \tag{4-4}$$

按照电压暂降事件次数逐一对 $\Delta W$ 进行累计，可获得统计时期内配电网的总隐性缺供电量。

# 4.3 低压脱扣器电压暂降敏感性试验分析

## 4.3.1 试验目的

鉴于当前南方电网已发生数起由于主网电压暂降问题导致的配电网用户侧发生大规模低压脱扣器跳闸事故，给用户带来严重负荷损失，因此本书重点针对低压脱扣器

展开系统性分析，并开展其电压暂降敏感性试验研究，研究其在电压暂降作用下的动作特性。

低压脱扣器直接与主回路相连，长期处于工作状态，是断路器附件内最易损耗的附件。目前电能质量问题成为低压脱扣器误动作或故障最主要的原因，电压波动、过电压、谐波、欠频以及电压暂降等因素都会引起低压脱扣器无法正常运行。

为了描述电压暂降事件的严重性，GB/T 30137—2013《电能质量　电压暂降与短时中断》给出了衡量电压暂降的指标及其具体计算方法，在计算严重性指标过程中利用了幅值、持续时间、频次等电压暂降特征量。而实际上，大量研究表明波形起始点相位对敏感设备在电压暂降期间的运行状况有重要影响，因此进行低压脱扣器电压暂降试验时，需要综合考虑幅值、持续时间、波形起始点相位、频次等特征量组合作用下的低压脱扣器动作特性。

## 4.3.2　试验原理

### 4.3.2.1　低压脱扣器的基本动作原理

传统低压脱扣器的基本动作原理如图 4-8 所示。传统低压脱扣器的保护功能多由电磁元件完成，其动作时间长，保护精度低、动作整定困难，而且为了获得不同的保护特性，往往需要配置不同的低压脱扣器。随着社会的发展，技术的进步，人们对供电系统的自动化程度要求越来越高，传统低压脱扣器的功能已不能满足供电自动化

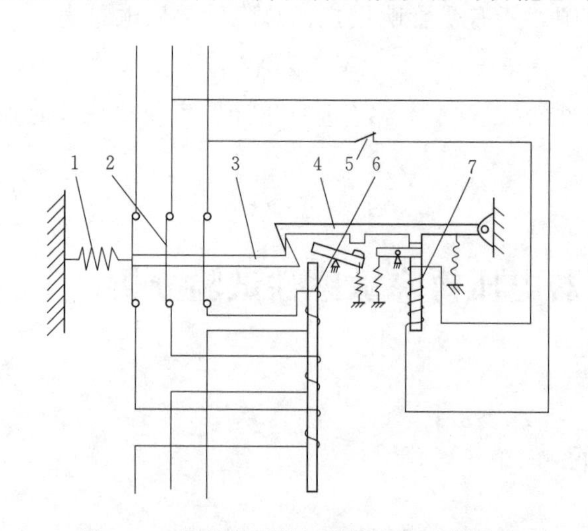


图 4-8　传统低压脱扣器的基本动作原理

1—分断弹簧；2—主触头；3—传动杆；4—锁扣；5—辅助触头；6—过电流脱扣器；7—欠电压脱扣器

的需要，目前国内已开发出系列化的智能低压脱扣器。智能低压脱扣器可实现过电流、欠电压和分励等传统低压脱扣器的功能，因而可以在一台断路器上实现多种功能，使单一的动作特性做到一种保护功能多种动作特性。智能低压脱扣器动作原理如图 4－9 所示。

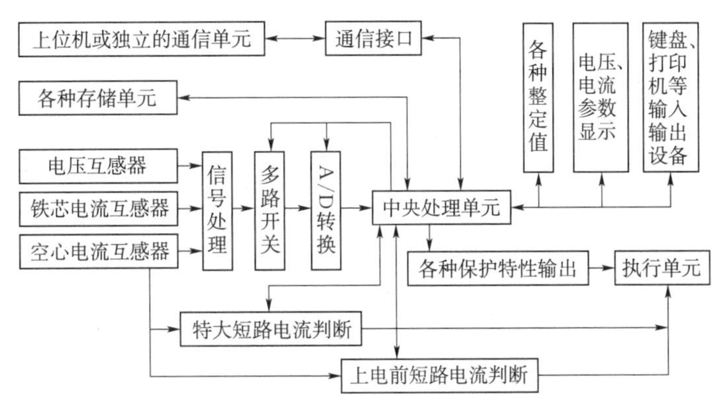


图 4－9　智能低压脱扣器动作原理图

智能低压脱扣器由电源电路（包括自生电源、辅助电源）、电流电压采样监测、可编程放大器、CPU、显示电路、键盘及编码器等部件组成，与脱扣驱动机构、空芯互感器配合执行电流电压采集和保护工作。其工作原理是，在断路器三相各装设一个空芯互感器，通过互感器将主线路的电压、电流信号转换成成比例的模拟电路可处理的电平信号，信号处理单元则对这些信号滤波和采样，采样信号经过多路开关送入模数转换模块（A/D）转换成为数字信号；CPU 根据这些信号进行逻辑运算和处理，运算结果和整定值比较后输出符合预设保护特性的逻辑电平信号，这些信号放大后可以直接驱动断路器的执行机构使断路器动作。各种故障保护的动作电流和时间整定值通过键盘设定，预先存储于带电可擦可编程只读存储器（EEPROM）中，并可以在应用中随时进行修改。

此外，当产生特大短路电流时，特别设计的模拟电路（不需要 CPU 干预）立即控制执行单元，使断路器动作。在低压脱扣器通电到其电子电路稳定工作的这段时间内如果产生短路电流，另一个类似的模拟电路也可控制执行单元使断路器动作。

#### 4.3.2.2　低压脱扣器误动、拒动原因

在低压脱扣器上市初期，其本身质量问题较多，经常导致其出现误动作或者故障等情况。随着技术攻关改进，低压脱扣器的质量逐步稳定。电能质量问题取而代之，成为低压脱扣器误动作或故障最主要的原因。电压波动、过电压、谐波、欠频以及电压暂降等因素都会引起低压脱扣器无法正常运行。

**1. 电压波动**

在一些拥有化工、冶金等重负荷企业的地区，正常运行时电网设备都在运行，电网电压处于正常水平。例如，400V低压系统中，电压会在380～420V之间波动，其电压波幅在380V低压脱扣器的（85%～110%）$U_N$允许范围内，断路器正常运行。一旦运行设备大批停用，如晚上或节假日，电网电压就会上升至460～470V，造成低压脱扣器在过电压下运行。低压脱扣器长期在电压波动较大的条件下运行，其内部线圈会因温度过高而烧毁，导致低压脱扣器不能正常运行。

**2. 过电压**

过电压是电网中常见的故障之一，在电网运行中，雷电感应、电网谐振等均可产生过电压。过电压会对低压脱扣器内部的电子元件造成严重损伤，例如：瞬态的过电压会造成电容元件击穿，低压脱扣器会因此而失效。

**3. 谐波影响**

目前，电力系统中诸如整流器、逆变器、电力晶闸管等非线性负载越来越多，向电力系统发送出大量高次谐波。谐波对电网危害很大，对供电设备和控制元件都有损耗和干扰，特别是7次、5次、3次谐波会使电网电压严重畸变，可能导致低压脱扣器误动作，影响断路器的使用。

**4. 欠频**

电网欠频现象虽然不多，但也偶有发生。据资料记载，有时电网严重欠频时，频率只有24Hz，引起正常交流电容过热烧毁，低压脱扣器因此发生故障。

## 4.3.3 试验相关标准

为保证低压电器能稳定地完成既定工作，国标对低压电器产品实施了严格的规定，从低压电器的设计到制造都要遵循相关标准。《低压电器标准汇编：低压开关设备和控制设备卷》对低压脱扣器的电流整定值、时间整定值和动作电流都做出了明确的说明和要求。

本文试验研究所涉及国标如下：

(1) GB 14048.1—2006《低压开关设备和控制设备　第1部分　总则》。GB 14048.1—2006对低压脱扣器的性能规定是，外施电压下降至额定工作电压$U_e$的35%～70%时，与开关电器组合一起的低压脱扣器应动作，使开关电器断开；外施电压低于

$U_e$的 35%时，低压脱扣器应防止开关电器闭合；外施电压不小于$U_e$的 85%时，低压脱扣器应确保开关电器闭合。

可见，GB 14048.1—2006 对低压脱扣器在电压偏低情况下的动作区间作了量化规定，但该动作区间仅用电压幅值进行描述，考虑到电压暂降包括幅值、持续时间、相位等特征量，因此有必要进一步深入研究电压暂降下低压脱扣器的动作区间。

（2）GB/T 22710—2008《低压断路器用电子式控制器》和 GB/T 17626.11—2008《电磁兼容 试验和测量技术 电压暂降、短时中断和电压变化的抗扰度试验》。GB/T 22710—2008 在低压脱扣器电压暂降试验方面，明确指定以 GB/T 17626.11—2008 为参考标准。GB/T 17626.11—2008 对用电设备的电压暂降试验方法做了明确规定与要求，包括试验电路、试验步骤、注意事项等，为采用试验方法研究电压暂降作用下低压脱扣器的动作特性奠定了重要基础。下文将结合低压脱扣器对 GB/T 17626.11—2008 相关规定进行展开，在此不作赘述。

（3）GB/T 30137—2013《电能质量 电压暂降与短时中断》。GB/T 30137—2013 提出了衡量电压暂降事件的严重性指标，并给出了这些指标的具体计算方法，在计算严重性指标过程中利用了幅值、持续时间、频次等电压暂降特征量。而实际上，大量研究表明波形起始点相位对敏感设备在暂降期间运行状况有重要影响，因此进行低压脱扣器电压暂降试验时，需要综合考虑幅值、持续时间、波形起始点相位、频次等特征量组合作用下低压脱扣器的动作特性。

## 4.3.4 试验方案

为开展低压脱扣器电压暂降敏感性试验研究工作，根据对现有研究资料测试系统的研究，同时考虑到低压脱扣器实际运行中的单相工作模式，建立了试验平台。

图 4-10、图 4-11 分别为试验平台原理电路图和实物接线图，包括电压暂降发生仪、低压脱扣器、电能质量监测仪，其中电能质量监测仪为日置 HIOKI3196；电压暂降发生仪采用自行设计的基于现代电力电子技术的大功率电压暂降信号发生装置，能够为低压脱扣器提供电压暂降测试信号，表 4-1 给出了电压暂降发生仪的技术参

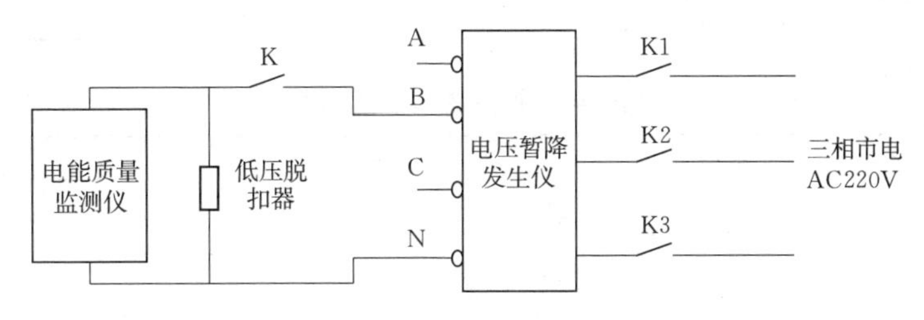


图 4-10 试验平台原理电路图

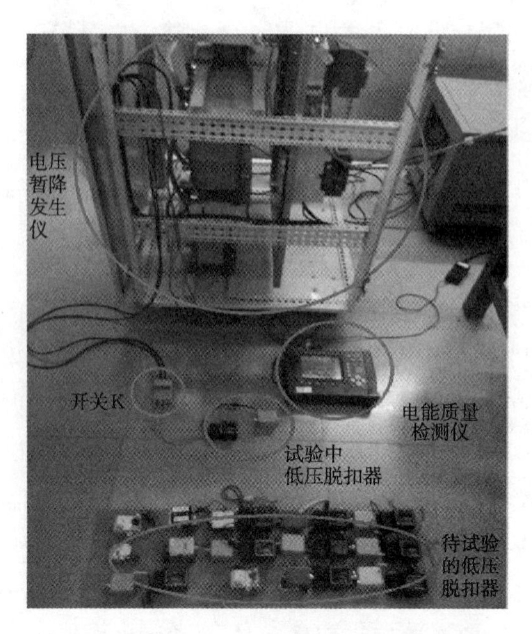


图 4-11　试验平台实物接线图

数，其性能满足国标 GB/T 17626.11—2008 要求；低压脱扣器选择市场主流的若干型号进行试验，其基本信息如表 4-2 所示。

表 4-1　电压暂降发生仪主要技术参数

| 类　别 | 技　术　参　数 |
| --- | --- |
| 负荷容量 | 三相/单相 AC220V 50A |
| 暂降模式 | 单相暂降、三相暂降 |
| 幅值 | 1%～95%（0.2%步进） |
| IEC 标准测试电压 | 0%，40%，70% |
| 持续时间 | 10ms～3min（1ms 步进） |
| 暂降间隔时间 | 5ms～3min（1ms 步进） |
| 相位 | 0°～359°（1°步进） |
| 工作电源 | AC220V 50Hz |

表 4-2　本书试验用低压脱扣器基本信息

| 型号 | 额定工作电压 | 型号 | 额定工作电压 |
| --- | --- | --- | --- |
| $T_1$ | AC 220V | $T_4$ | AC 220V |
| $T_2$ | AC 220V | $T_5$ | AC 220V |
| $T_3$ | AC 220V | | |

### 4.3.5 试验步骤

在开始试验前，首先调节电压暂降发生仪，使其输出电压幅值在低压脱扣器额定工作电压$U_e$附近，然后闭合开关K，待低压脱扣器通电稳定运行后开始试验，试验步骤具体如下：

（1）电压暂降幅值调节。电压幅值$U$从10%$U_e$开始，以5%$U_e$为步长，由小到大进行调节，调节范围为（10%～90%）$U_e$。

（2）电压暂降相位调节。电压暂降相位$\theta$从0°开始，以45°为步长，由小到大进行调节，调节范围为0°～360°。

（3）电压暂降持续时间的调节。针对每个幅值$U$和相位$\theta$，持续时间$T$从10ms开始，以1ms为步长由小到大进行调节，调节范围为10ms～1min。

（4）由电压幅值、相位以及持续时间组成的每组测试信号以一定的频次（GB/T 17626.11—2008规定为3次，本试验为提高精度取10次）反复提供给低压脱扣器，每两组测试信号间要保留一定时间间隔（GB/T 17626.11—2008规定取为10s），观察低压脱扣器动作情况，并记录下持续时间$T_{min}$和$T_{max}$（即$T \leqslant T_{min}$时低压脱扣器始终不动作，$T \geqslant T_{max}$时低压脱扣器的动作次数等于测试信号频次，$T_{min} < T < T_{max}$时低压脱扣器动作，但动作次数小于测试信号频次）。

按照上述试验步骤，可实现对低压脱扣器电压暂降的敏感性试验。需要注意以下问题：

1）在整个试验过程中低压脱扣器可能会动作上千次而出现疲劳过热现象，一定程度上会影响试验精度，因此当低压脱扣器动作次数达到一定值时（本书试验设定为300次）暂停试验，待其充分冷却后再重新进行试验。

2）考虑到某些型号低压脱扣器$T_{min}$可能达到几百毫秒，若持续时间$T$从10ms开始调节，可能耗时过长，因此可按照GB/T 17626.11—2008所规定的电压暂降优先的试验等级进行试验，根据低压脱扣器动作情况，适当调整$T$的起始值，以提高试验效率。

### 4.3.6 试验结果及其分析

以$T_1$型低压脱扣器、$T_2$型低压脱扣器为例，给出试验结果，如表4-3、表4-4所示。

表 4-3　$T_1$型低压脱扣器在不同幅值与相位组合下的持续时间 $T_{min}$ 与 $T_{max}$

| U/% | $T_{min}/T_{max}$/ms | | | | | | | |
|---|---|---|---|---|---|---|---|---|
| | 0° | 45° | 90° | 135° | 180° | 225° | 270° | 315° |
| 50 | 70/76 | 68/76 | 68/74 | 50/60 | 62/64 | 62/66 | 62/64 | 60/68 |
| 45 | 38/56 | 37/56 | 34/52 | 30/48 | 28/46 | 42/47 | 42/45 | 40/44 |
| 40 | 37/38 | 34/38 | 32/40 | 28/32 | 26/28 | 25/44 | 40/42 | 38/41 |
| 35 | 36/38 | 32/36 | 30/33 | 28/30 | 26/28 | 24/30 | 34/40 | 38/40 |
| 30 | 34/36 | 30/35 | 28/32 | 26/30 | 24/27 | 24/29 | 23/40 | 35/40 |
| 25 | 32/36 | 30/35 | 28/32 | 24/30 | 22/27 | 23/28 | 22/39 | 34/39 |
| 20 | 30/36 | 30/34 | 26/30 | 23/30 | 20/26 | 22/26 | 22/38 | 28/37 |
| 15 | 18/36 | 20/34 | 12/30 | 11/30 | 12/26 | 22/24 | 20/34 | 20/37 |
| 10 | 18/35 | 16/34 | 14/30 | 12/28 | 12/26 | 18/24 | 20/30 | 20/36 |

表 4-4　$T_2$型低压脱扣器在不同幅值与相位组合下的持续时间 $T_{min}$ 与 $T_{max}$

| U/% | $T_{min}/T_{max}$/ms | | | | | | | |
|---|---|---|---|---|---|---|---|---|
| | 0° | 45° | 90° | 135° | 180° | 225° | 270° | 315° |
| 35 | 225/261 | 228/265 | 268/282 | 233/265 | 226/262 | 232/256 | 228/275 | 225/262 |
| 30 | 245/261 | 214/248 | 252/272 | 225/249 | 217/253 | 216/243 | 223/265 | 222/265 |
| 25 | 235/262 | 234/249 | 252/267 | 223/245 | 215/242 | 226/241 | 222/256 | 245/258 |
| 20 | 225/236 | 232/240 | 242/265 | 216/226 | 215/236 | 208/230 | 212/245 | 228/258 |
| 15 | 216/228 | 202/227 | 221/246 | 216/226 | 205/221 | 226/241 | 204/238 | 215/238 |
| 10 | 210/228 | 208/239 | 210/235 | 202/213 | 195/217 | 214/231 | 201/245 | 197/239 |

注　$T_1$、$T_2$型低压脱扣器分别在电压幅值大于50%、35%时，持续时间在10ms～1min变化时，始终不动作。

### 1. 基本数据分析

以$T_1$型低压脱扣器为例进行基本数据分析。根据表4-3中数据，在同一电压幅值—持续时间平面上绘制不同相位$\theta$下的电压耐受曲线。为便于对比，图4-12（a）、（b）分别给出了电压暂降发生在前半周期（$\theta$的范围是0°～180°）、后半周期（$\theta$的范围是180°～360°）$T_1$型低压脱扣器电压耐受曲线。

由图4-12可以看出，$T_1$型低压脱扣器的动作区域与不动作区域之间存在明显的中间过渡地带（模糊区域），即低压脱扣器电压暂降作用下的动作特性存在动作区域、不动作区域、模糊区域；也可以看到，除了电压暂降幅值、持续时间外，电压暂降相位也是影响低压脱扣器敏感性的重要因素。

分析表4-3中的数据可知，对于$T_1$型低压脱扣器，当$U$在区间［10%，50%］范围内变化时，$\theta$为0°时所对应的$T_{min}$和$T_{max}$总体上均达到最大，即当$\theta=0°$时低压脱扣器动作区域最小，不动作区域最大，说明$\theta=0°$时低压脱扣器电压暂降敏感性最小，

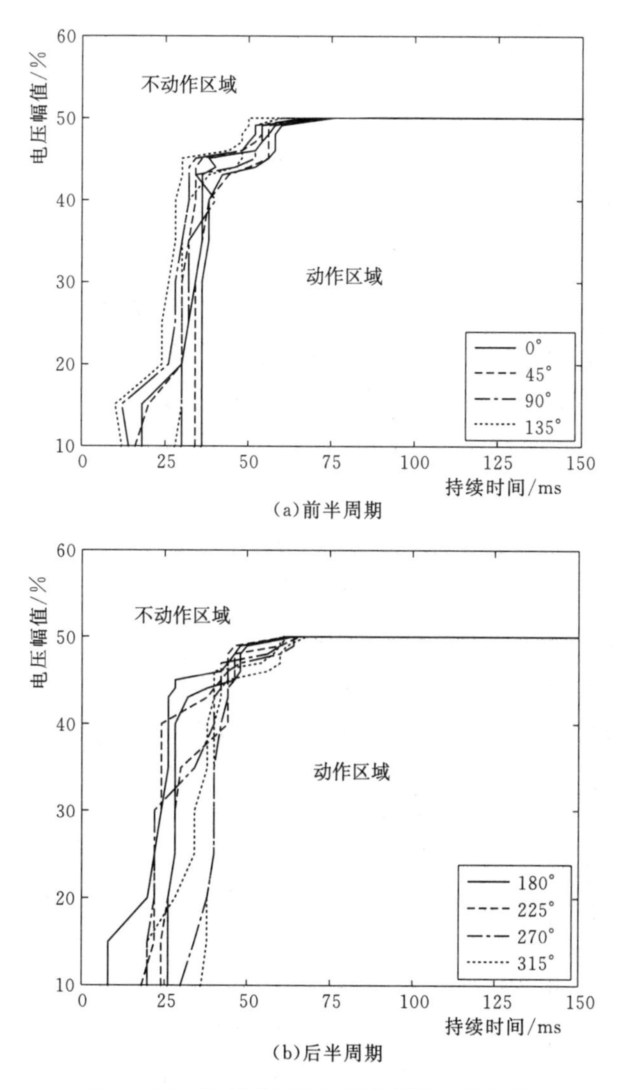


(a)前半周期



(b)后半周期

图 4-12 $T_1$型低压脱扣器电压耐受曲线簇

最不易动作；$\theta=135°$时所对应的 $T_{min}$ 和 $T_{max}$ 总体上均达到最小，即 $\theta=135°$时低压脱扣器的动作区域最大，不动作的区域最小，说明 $\theta=135°$时低压脱扣器电压暂降敏感性最大，最容易动作。

而模糊区域的大小与 $\Delta T$（$\Delta T=T_{max}-T_{min}$）相关，对表 4-5 中数据作差则可得相应的 $\Delta T$。经比较分析可知，当 $U$ 在区间［10%，50%］范围变化时，$T_1$型低压脱扣器在 $\theta=270°$和 $\theta=225°$时所对应的 $\Delta T$ 在总体上分别达到最大值和最小值，说明当 $\theta=270°$时低压脱扣器模糊区域最大，电压暂降发生时，其动作不确定性最大；$\theta=225°$时低压脱扣器动作不确定性最小。

此外，对比图 4-12（a）、（b）可知，电压暂降发生在前半周期（$\theta$ 范围为 0°～180°）和后半周期（$\theta$ 范围为 180°～360°）时，电压耐受曲线并不对称，即低压脱扣器电压暂降敏感性不具有半波对称性。

**2. 包络分析**

基于上述基本数据分析可知，$T_1$型低压脱扣器在电压暂降下三个区域（动作区域、不动作区域、模糊区域）的分布与电压暂降相位密切相关，且根据不同的相位，在电压幅值—持续时间平面上形成了电压耐受曲线簇。

在实际中，系统电压暂降相位是随机的，而受相位影响，低压脱扣器的三个区域分布又不确定。为克服相位的随机性对低压脱扣器三个区域分布不确定性的影响，进一步明确低压脱扣器在电压暂降作用下的可靠动作区域与不动作区域，可对其电压耐受曲线簇进行包络分析，即：对每个电压幅值$U$而言，在曲线簇中找到其相应的$(T_{max})_{max}$并连接起来，得到下包络线；同理可将相应的$(T_{min})_{min}$连接起来，得到上包络线。

图4-13～图4-17依次给出了$T_1$～$T_5$型低压脱扣器电压耐受曲线簇包络结果。

根据图4-13～图4-17可以明确得出各型号低压脱扣器在电压暂降作用下的可靠动作区域、可靠不动作区域以及模糊区域（图中阴影部分），其中可靠动作区域位于下包络线下方，可靠不动作区域位于上包络线的上方，模糊区域则是位于上下包络线之间。

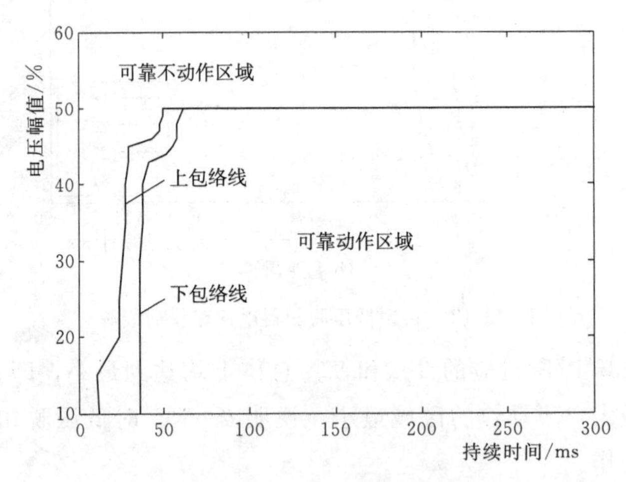


图4-13　$T_1$型低压脱扣器电压耐受曲线包络分析结果

**3. 近似矩形处理**

为了使现有设备的电压耐受曲线相兼容，同时得到低压脱扣器动作特性的数学模型，可以对图4-13～图4-17中的上下包络线进行近似矩形处理，同样以$T_1$型低压脱扣器为例，给出其处理结果，如图4-18所示。

可以得到，$U_{max}=U_{min}=50\%$，$T_{min}=12\text{ms}$，$T_{max}=45\text{ms}$，因此，发生电压暂降

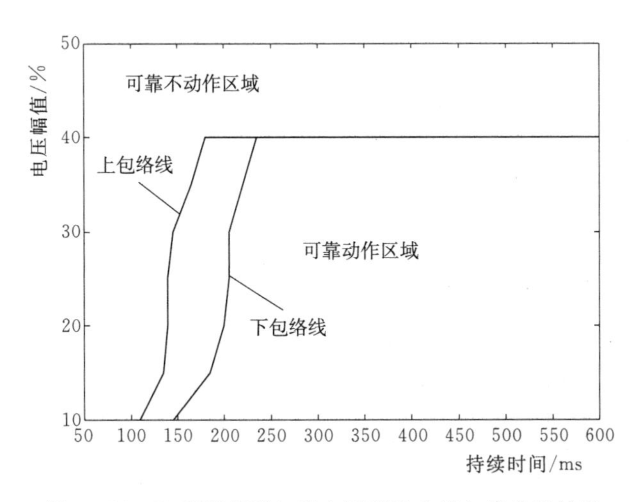


图 4-14 $T_2$型低压脱扣器电压耐受曲线包络分析结果

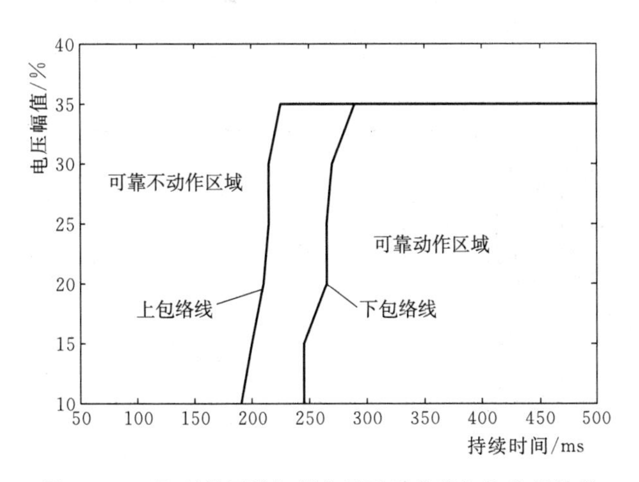


图 4-15 $T_3$型低压脱扣器电压耐受曲线包络分析结果

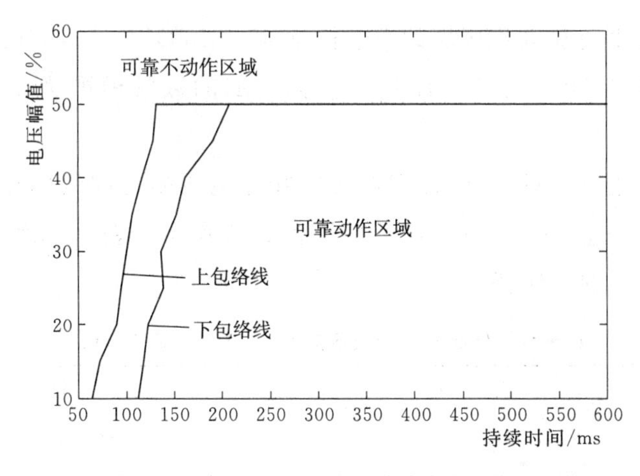


图 4-16 $T_4$型低压脱扣器电压耐受曲线包络分析结果

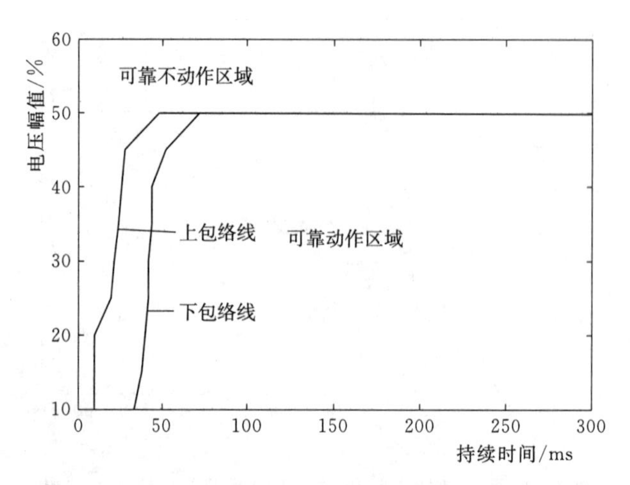


图4-17　$T_5$型低压脱扣器电压耐受曲线包络分析结果

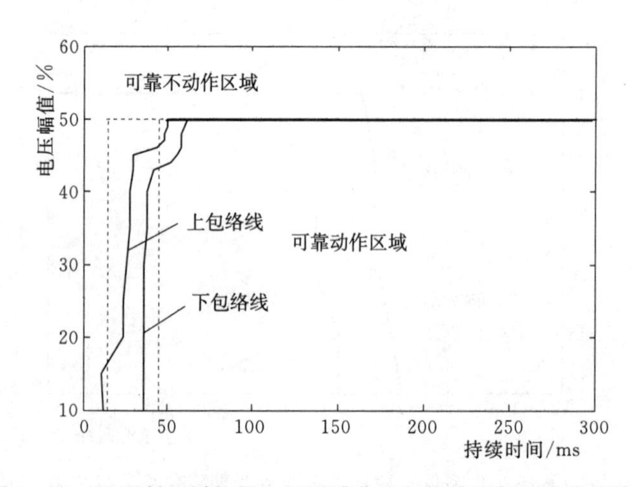


图4-18　$T_1$型低压脱扣器电压耐受曲线包络线近似矩形分析结果

时，$T_1$型低压脱扣器可靠动作区域的数学模型为$U<50\%$且$T>45$ms；可靠不动作区域的数学模型为$U>50\%$或$T<12$ms；模糊区域的数学模型为$10\%\leqslant U\leqslant 50\%$且$12\text{ms}\leqslant T\leqslant 45\text{ms}$。

同理，按照上述方法对$T_2\sim T_5$型低压脱扣器电压耐受曲线的包络线处理，可以得到相应的$U_{max}$、$U_{min}$、$T_{max}$、$T_{min}$，汇总如表4-5所示，表4-6给出了$T_1\sim T_5$型低压脱扣器电压暂降下的动作特性。

**表4-5　$T_1\sim T_5$型低压脱扣器相应的$U_{max}$、$U_{min}$、$T_{max}$、$T_{min}$**

| 型　号 | 电压幅值/% | | 持续时间/ms | |
|---|---|---|---|---|
| | $U_{max}$ | $U_{min}$ | $T_{max}$ | $T_{min}$ |
| $T_1$ | 50 | 50 | 45 | 12 |
| $T_2$ | 40 | 40 | 205 | 143 |

续表

| 型　号 | 电压幅值/% | | 持续时间/ms | |
|---|---|---|---|---|
| | $U_{max}$ | $U_{min}$ | $T_{max}$ | $T_{min}$ |
| $T_3$ | 35 | 35 | 278 | 211 |
| $T_4$ | 50 | 50 | 158 | 79 |
| $T_5$ | 50 | 50 | 50 | 14 |

**表 4-6　$T_1$～$T_5$型低压脱扣器电压暂降下的动作特性**

| 型号 | 可靠动作区域 | 可靠不动作区域 | 模糊区域 |
|---|---|---|---|
| $T_1$ | $U<50\%U_e$且 $T>50$ms | $U>50\%U_e$或 $T<12$ms | $U<50\%U_e$且 12ms$\leqslant T\leqslant$50ms |
| $T_2$ | $U<40\%U_e$且 $T>205$ms | $U>40\%U_e$或 $T<143$ms | $U<40\%U_e$且 143ms$\leqslant T\leqslant$205ms |
| $T_3$ | $U<35\%U_e$且 $T>278$ms | $U>35\%U_e$或 $T<211$ms | $U<35\%U_e$且 211ms$\leqslant T\leqslant$278ms |
| $T_4$ | $U<50\%U_e$且 $T>158$ms | $U>50\%U_e$或 $T<79$ms | $U<50\%U_e$且 79ms$\leqslant T\leqslant$158ms |
| $T_5$ | $U<50\%U_e$且 $T>50$ms | $U>50\%U_e$或 $T<14$ms | $U<50\%U_e$且 14ms$\leqslant T\leqslant$50ms |

#### 4. 综合归并分析

对 $T_1$～$T_5$型号低压脱扣器的电压耐受曲线包络线进行综合归并，作近似处理，可以得到能够反映所有型号低压脱扣器电压暂降动作特性的电压耐受曲线，如图 4-19 所示。

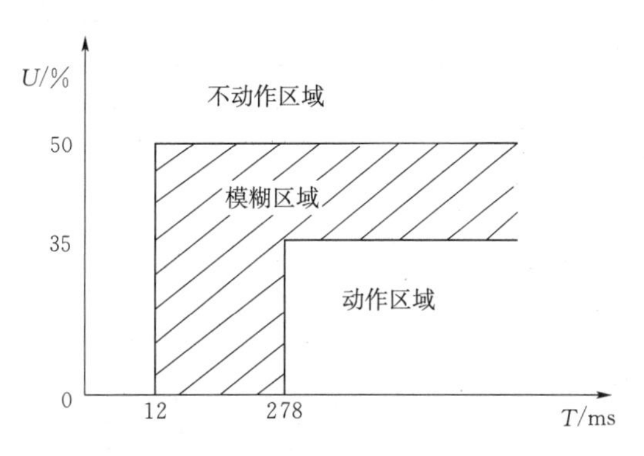


图 4-19　低压脱扣器电压暂降动作特性的电压耐受曲线

从图 4-19 可以看到，在不动作区域（$U>50\%$或者 $T<12$ms）中，各型号低压脱扣器均不动作；在动作区域（$U<35\%$且 $T>278$ms）中，各型号低压脱扣器均会确定动作；在模糊区域内，低压脱扣器的动作情况不确定，有的会动作，有的不会动作。综合上述试验结果，可得到如下结论：

(1) 本书首次设计了低压脱扣器电压暂降敏感性试验方案，包括试验平台、步骤、注意事项、环境等。

(2) 根据试验方案，对 5 种型号的低压脱扣器累计进行了 10947 次试验。

(3) 归纳总结了5种型号低压脱扣器三个区域的动作特性:

1) 电压 $U<35\%$ 且持续时间 $T>278$ms时，低压脱扣器可靠动作。

2) 电压 $U>50\%$ 或持续时间 $T<12$ms时，低压脱扣器可靠不动作。

3) $35\%\leqslant U\leqslant 50\%$ 且 $T>12$ms，或 $12\text{ms}\leqslant T\leqslant 278$ms 且 $U<50\%$，低压脱扣器动作情况不确定。

## 4.4 算例分析

本书以第3章算例中的10kV馈线供电的配电网作为研究对象，对该配电网由电压暂降导致的隐性缺供电量进行考察，统计时间为1个月。该配电网的拓扑如图4-20所示，其中标记为虚线的负荷点为电能质量敏感等级Ⅰ级和Ⅱ级的用户，这些用户在发生电压暂降时可能受到影响而出现负荷下跌的情况。

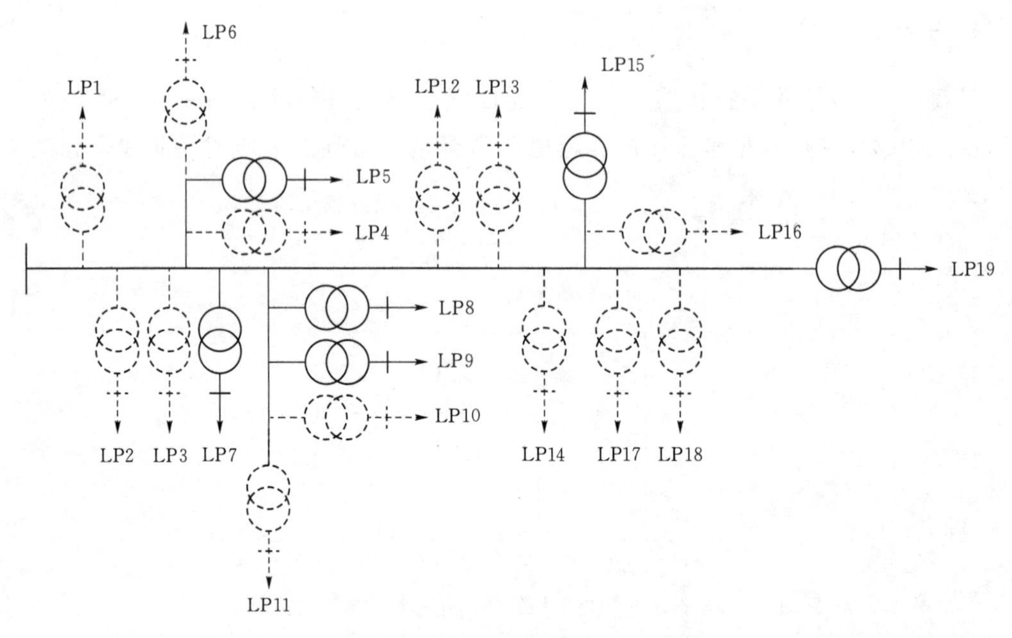


图4-20 某10kV配电网的拓扑结构

### 4.4.1 电压暂降检测

根据各用户的分时段静态有功负荷模型，分析用户在各个时刻的负荷偏差情况。根据本书的电压暂降检测方法，在统计月共检测发现4次用户发生电压暂降的情况，如表4-7所示。

表 4-7 发生有功功率异常下跌的用户

| 事件序号 | 负荷点用户 | 事件序号 | 负荷点用户 |
|---|---|---|---|
| 1 | LP3、LP6、LP10、LP13 | 3 | LP3、LP6、LP11、LP17、LP18 |
| 2 | LP10、LP17、LP18 | 4 | LP11、LP13、LP16、LP17 |

## 4.4.2 隐性缺供电量计算

根据本书的电压暂降检测方法及电压暂降型隐性缺供电量估算方法，统计月发生的 4 次电压暂降中，所涉及用户的暂降影响起始与结束时刻、隐性缺供电量和失电量比如表 4-8 所示。在统计月该配电网因电压暂降导致的总隐性缺供电量为 766.24kWh，失电量比为 21.58%，等效停电次数为 4 次；配电网中受到电压暂降影响的用户的平均等效停电时间为 25.06min。

表 4-8 用户暂降影响起始与结束时刻、隐性缺供电量和失电量比

| 事件序号 | 负荷点编号 | 暂降影响起始时刻 | 暂降影响结束时刻 | 隐性缺供电量/kWh | 失电量比/% |
|---|---|---|---|---|---|
| 1 | LP3 | 9：45 | 10：45 | 33.30 | 15.54 |
| | LP6 | 9：45 | 10：30 | 45.71 | 18.83 |
| | LP13 | 9：45 | 10：15 | 5.87 | 6.00 |
| 2 | LP10 | 14：30 | 16：00 | 43.88 | 17.27 |
| | LP17 | 14：30 | 15：30 | 53.98 | 17.31 |
| | LP18 | 14：30 | 15：45 | 95.05 | 27.30 |
| 3 | LP3 | 7：30 | 8：45 | 50.69 | 30.53 |
| | LP11 | 7：30 | 8：30 | 116.52 | 29.39 |
| | LP17 | 7：30 | 8：30 | 31.01 | 16.65 |
| | LP18 | 7：30 | 9：15 | 76.51 | 22.59 |
| 4 | LP11 | 1：45 | 3：00 | 148.93 | 21.98 |
| | LP13 | 1：45 | 2：30 | 13.01 | 11.05 |
| | LP16 | 1：45 | 2：15 | 15.81 | 13.04 |
| | LP17 | 1：45 | 3：00 | 35.97 | 46.49 |

## 4.4.3 结果分析

根据 4.4.2 节计算结果，对统计月中所有受到电压暂降影响的用户的总隐性缺供电量和失电量比从高到低分别进行排序，排序结果如表 4-9 和表 4-10 所示。

表4-9　各负荷点用户的隐性缺供电量排序

| 负荷点编号 | 用户类型 | 电能质量敏感等级 | 隐性缺供电量/kWh |
|---|---|---|---|
| LP11 | 工业用户2类 | Ⅰ级 | 265.45 |
| LP18 | 工业用户1类 | Ⅰ级 | 171.56 |
| LP17 | 工业用户1类 | Ⅰ级 | 120.96 |
| LP3 | 工业用户1类 | Ⅰ级 | 83.99 |
| LP6 | 工业用户2类 | Ⅰ级 | 45.71 |
| LP10 | 工业用户1类 | Ⅰ级 | 43.88 |
| LP13 | 工业用户4类 | Ⅱ级 | 18.88 |
| LP16 | 工业用户4类 | Ⅱ级 | 15.81 |

表4-10　各负荷点用户的失电量比排序

| 负荷点编号 | 用户类型 | 电能质量敏感等级 | 失电量比/% |
|---|---|---|---|
| LP18 | 工业用户1类 | Ⅰ级 | 24.98 |
| LP10 | 工业用户1类 | Ⅰ级 | 24.72 |
| LP3 | 工业用户1类 | Ⅰ级 | 22.08 |
| LP17 | 工业用户1类 | Ⅰ级 | 21.02 |
| LP6 | 工业用户2类 | Ⅰ级 | 18.83 |
| LP11 | 工业用户2类 | Ⅰ级 | 17.27 |
| LP16 | 工业用户4类 | Ⅱ级 | 13.04 |
| LP13 | 工业用户4类 | Ⅱ级 | 8.76 |

根据表4-9，隐性缺供电量最大的用户分别为LP11、LP18和LP17，从损失的用电量总量上看，这3个用户受电压暂降的影响最大。

根据表4-10，失电量比最高的用户为LP18、LP10和LP3，这3个用户在电压暂降中的敏感负荷停运比例更高，从用户自身用电情况的角度而言，这些用户受电压暂降影响最严重。其中，LP18的隐性缺供电量排序第二而失电量比最高，综合而言，相较于上述筛选出的其他4个用户，LP18在统计月受到电压暂降的影响最严重。

在19个用户中，供电企业应特别关注LP3、LP10、LP11、LP17、LP18这5个用户的电压暂降问题，并采取相关措施减少电压暂降对这些用户造成的损失，展开针对性的电能质量提升工作。

## 4.5　本章小结

本章主要进行了以下工作：

(1) 设计了一种基于电能量数据的电压暂降检测方法。基于第3章建立的分时段静态有功负荷模型，计算用户在统计时段的电压水平下应具有的有功功率，并据此分析用户实际负荷是否出现异常下跌的情况；然后依据电压暂降检测分析流程图，对用户负荷的异常下跌进行场景分析，判断电压暂降事件的发生。

（2）设计了一种电压暂降型隐性缺供电量的估算方法。根据第 3 章建立的分时段静态有功负荷模型与用户受电压暂降影响期间的用电量数据，推算用户需用电量与实际用电量的偏差情况，计算隐性缺供电量和失电量比指标。

（3）通过算例分析验证了这两种方法的有效性。以第 3 章的 10kV 配电网作为算例，验证了本书提出的电压暂降检测方法和隐性缺供电量估算方法能够有效分析电压暂降对各类用户的用户侧供电可靠性的影响，可对海量的用户数据进行分析，有效筛选出受电压暂降严重影响的用户，有助于供电企业进行针对性的电能质量提升工作。

# 参考文献


[1] 邓福亮. 电压暂降对负荷低压脱扣影响的研究 [D]. 广州：华南理工大学，2015.

[2] 徐永海，兰巧倩，洪旺松. 交流接触器对电压暂降敏感度的试验研究 [J]. 电工技术学报，2015，30 (21)：136-146.

[3] 王旭冲. 电压暂降扰动对典型敏感设备影响特性及试验技术研究 [D]. 南京：东南大学，2017.

[4] 汪颖，任杰，许中，金耘岭，肖先勇. 光伏逆变器电压暂降耐受能力刻画与测试 [J]. 中国测试，2018，44 (1)：95-100.

[5] 句符兵. 配电网电能质量敏感负荷分析 [J]. 机电信息，2014 (24)：13-14.

[6] 史帅彬，吴彤彤，黄力鹏，等. 电压暂降对高压钠灯的影响分析 [J]. 智能电网，2014，2 (8)：31-35.

[7] 李扬帆. 紧凑型荧光灯和LED灯电能质量扰动特性与敏感特性研究 [D]. 北京：华北电力大学，2016.

[8] 莫文雄，吴亚盆，许中，等. 典型PLC电压暂降耐受性能实验研究 [J]. 华北电力大学学报（自然科学版），2018，45 (3)：53-59+66.

[9] 刘平. 兼顾电压暂降与装置差异性的电能质量监测网络研究 [D]. 广州：华南理工大学，2016.

[10] 欧阳森，刘平，李翔. 基于大规模实验的低压脱扣器电压暂降脱扣特性研究 [J]. 华南理工大学学报（自然科学版），2015，43 (4)：85-94.

[11] 邓福亮. 电压暂降对负荷低压脱扣影响的研究 [D]. 广州：华南理工大学，2015.

[12] 王永鑫. 低压断路器电磁脱扣特性的研究 [D]. 上海：同济大学，2008.

[13] 刘清清，徐惠钢，谢启，等. 基于LabVIEW的塑壳断路器智能脱扣器检测系统 [J]. 仪表技术与传感器，2019 (2)：75-77+118.

# 第 5 章

# 基于电能量数据的用户侧供电可靠性分析和评估

## 5.1 考虑用户需求差异的用户侧供电可靠性评估方法

不同类型用户对电能质量问题的敏感度和供电可靠性需求存在明显差异，对供电可靠性指标的可接受区间也有所不同。配电网用户侧供电可靠性评估中需要充分考虑这种需求差异，才能更准确地发现供电水平与用户需求矛盾较大的地区或配电网，从而使可靠性提升工作能够更切实地解决用户问题。另外，考虑用户用电体验和电能质量的用户侧供电可靠性提高了对供电企业的考察要求，配电网供电可靠性的管理难度和工作量必然会显著增加，考虑配电网主体用户的需求差异，进行有针对性的精细化管理和投资是供电企业的必然选择。

本章提出一种考虑用户需求差异的用户侧供电可靠性评估方法，不仅能综合反映多种属性指标共同决定的整体可靠性水平，还能体现不同地区不同主体用户对配电网可靠性和电能质量的需求差异，使配电网用户侧供电可靠性工作与用户需求相匹配，指导实现电网供电可靠性与用户满意度的协同提升。

### 5.1.1 评估思路及步骤

基于第 2 章建立的用户侧供电可靠性评估指标体系，本章所设计的可靠性状态评估方法通过设置不同敏感性等级用户对可靠性指标的不同满意度区间来体现用户的需求差异，然后采用分层序关系法进行多指标综合评估，评估流程如图 5－1 所示。

考虑用户需求差异的配电网供电可靠性状态评估方法的具体操作步骤如下：

（1）基于新建的供电可靠性评估指标体系，获取 $m$ 个待评估对象的所有指标数据。

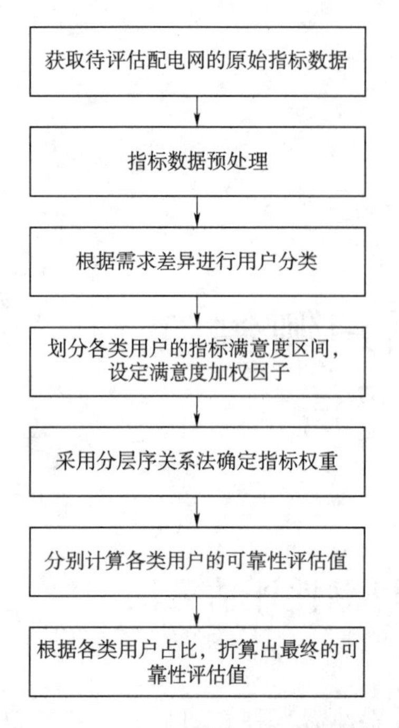


图5-1　考虑用户需求差异的配电网供电可靠性评估流程

(2) 对原始指标数据进行预处理，转换为归一化无量纲的效益型指标值 $\{x_{ij}\}$ ($i=1, 2, \cdots, m$; $j=1, 2, \cdots, 9$)。

(3) 根据用户所属行业对供电可靠性和电能质量的敏感度来区分用户需求差异，进行用户分类。

(4) 将用户对供电可靠性指标的满意度划分为“满意”“合格”“不合格”三个等级，建立各类用户对每个指标的满意度划分准则，并对每个满意度等级设定不同的满意度加权因子 $\alpha_{kj}$ ($k=$Ⅰ，Ⅱ，Ⅲ；$j=1, 2, \cdots, 9$)。

(5) 采用分层序关系法计算出每个评估指标的权重 $w_j$ ($j=1, 2, \cdots, 9$)。

(6) 分别计算单独考虑某一类用户需求时的供电可靠性评估值 $y_{ik}$ ($i=1, 2, \cdots, m$; $k=$Ⅰ，Ⅱ，Ⅲ)。具体计算方法为：计算某一类用户对某一配电网的评估值时，首先判断对于该类用户而言各指标值所属的满意度等级，确定各指标值对应的满意度加权因子，然后根据归一化的指标值、指标权重、满意度加权因子计算评估值，第 $k$ 类用户对第 $i$ 个配电网的评估值 $y_{ik}$ 的计算公式为 $y_{ik} = x_{ij}w_j\alpha_{kj}$。

(7) 根据年用电量统计各类用户在评估配电网中的占比 $c_k$ ($k=$Ⅰ，Ⅱ，Ⅲ)，并折算出最终的评估结果，计算公式为 $Y_i=\sum y_{ik}c_k$。

## 5.1.2　指标满意度区间划分

为了体现不同用户对供电可靠性和电能质量的需求差异，本书对供电可靠率等6项评估指标设置了“满意”“合格”“不合格”三种满意度等级。在本书的评估指标体系中，重复停电概率、平均停电缺供电量和考虑电能质量的隐性缺供电量3项指标与配电网的用户数量、用电量等因素有关，与用户用电体验的直接相关性不明显，因此并未对其进行用户满意度划分。

通过设置带有激励惩罚特性的满意度加权因子来体现用户需求差异对配电网供电可靠性评估结果的影响。以“合格”为判断基准，设定“合格”对应的加权因子为1.0。当用户对指标“满意”时，应该对该项指标进行奖励，其加权因子应大于1.0。相反，当用户认为该项指标“不合格”时，应该对其进行惩罚，加权因子应小于1.0。

另外，重复停电概率、平均停电缺供电量和考虑电能质量的隐性缺供电量3项指标并未设置满意度区间，因此，这3项指标的满意度加权因子全部取值为1.0。

通过对南方电网进行供电可靠性管理现状、用户需要、用户投诉等方面的调研，结合相关标准和现有文献制定了三类用户对供电可靠率、用户平均持续停电时间等6项指标的满意度划分准则，如表5－1所示。在满意度划分准则中，对供电可靠性敏感度最高的Ⅰ级用户对指标的要求最严格，随着用户敏感度等级的下降对可靠性指标的要求也相应降低。

**表5－1　各类用户的指标满意度划分准则**

| 满意度等级 | 供电可靠率/% | | | 用户平均持续停电时间/(h/户) | | | 用户平均短时停电时间/(h/户) | | |
|---|---|---|---|---|---|---|---|---|---|
| | Ⅰ级用户 | Ⅱ级用户 | Ⅲ级用户 | Ⅰ级用户 | Ⅱ级用户 | Ⅲ级用户 | Ⅰ级用户 | Ⅱ级用户 | Ⅲ级用户 |
| 满意 | 100～99.99 | 100～99.95 | 100～99.90 | 0～0.876 | 0～4.38 | 0～8.76 | 0～0.1 | 0～0.2 | 0～0.25 |
| 合格 | 99.99～99.90 | 99.95～99.90 | 99.9～99.85 | 0.876～8.76 | 4.38～8.76 | 15.77～18.76 | 0.1～0.3 | 0.2～0.4 | 0.25～0.4 |
| 不合格 | <99.90 | <99.90 | <99.85 | >8.76 | >8.76 | >13.14 | >0.3 | >0.4 | >0.4 |

| 满意度等级 | 用户平均停电次数/(次/户) | | | 等效停电次数/（次/年） | | | 电压合格率/% | | |
|---|---|---|---|---|---|---|---|---|---|
| | Ⅰ级用户 | Ⅱ级用户 | Ⅲ级用户 | Ⅰ级用户 | Ⅱ级用户 | Ⅲ级用户 | Ⅰ级用户 | Ⅱ级用户 | Ⅲ级用户 |
| 满意 | 0～1 | 0～2 | 0～2 | 0～3 | 0～3 | 0～5 | 100～99.0 | 100～98.0 | 100～97.0 |
| 合格 | 1～3 | 2～4 | 2～5 | 3～6 | 3～10 | 5～15 | 99.0～97.0 | 98.0～96.0 | 97.0～95.0 |
| 不合格 | >3 | >4 | >5 | >6 | >10 | >15 | <97.0 | <96.0 | <95.0 |

## 5.1.3　赋权方法的理论基础

### 5.1.3.1　指标归一化处理

本书建立的配电网用户侧供电可靠性评估指标体系中各个指标的量纲和属性存在差异，进行综合评估之前需要将指标值进行预处理，将指标统计值转化为无量纲、一致化的数值。本书采用离差标准化方法对收集的原始数据进行归一化处理，将所有指标值转为[0，1]区间内的效益型数值（即数值越大越优）。

假设对$m$个配电网进行评估$S=\{S_1,S_2,\cdots,S_m\}$，每个系统的评价指标集合为$\boldsymbol{X}=\{X_1,X_2,\cdots,X_9\}$，则第$i$个配电网$S_i$的第$j$个评估指标$X_j$的指标值记为$b_{ij}$，归一化、无量纲化处理后得到集合$\{x_{ij}\}$。其中处理公式如下：

若指标$X_j$为指标值越大越好的极大型指标，则处理公式为

$$x_{ij}=\frac{b_{ij}-\min\{b_{ij}\}}{\max\{b_{ij}\}-\min\{b_{ij}\}} \tag{5-1}$$

若指标 $X_j$ 为指标值越小越好的极小型指标，则处理公式为

$$x_{ij}=\frac{\max\{b_{ij}\}-b_{ij}}{\max\{b_{ij}\}-\min\{b_{ij}\}} \tag{5-2}$$

在本书建立的指标体系中，只有供电可靠率、电压合格率两个指标属于极大型指标，其他指标均属于极小型指标。归一化预处理后的指标值越大，说明该评估对象在此项指标中的表现越好；相反，指标值越小，说明表现越差。基于此预处理方法，最终的综合评估值越大代表评估对象的表现越好，即该配电网的整体供电可靠性水平越高。

#### 5.1.3.2　分层序关系赋权

序关系法也是一种常用的主观赋权方法，根据专家意见进行指标排序和赋权，灵活可调，方便易行。本书建立的综合评估指标体系分为常规供电可靠性指标和考虑电能质量的等效可靠性指标两部分，这两类指标的重视程度对于不同发展水平、不同主体用户的供电企业而言是存在差异的。在工商业用户较多，可靠性水平较高的发达地区，供电企业往往会更重视电能质量问题，以求提供更高质量的供电服务，此时需要对考虑电能质量的等效可靠性指标赋予更大的权重；而在网架结构薄弱、可靠性水平较差的地区，供电企业首要的任务是提升供电可靠性，此时需要在评估中增大常规供电可靠性指标的权重。因此，本书采用分层序关系法进行指标权重的确定，首先根据现实情况和专家意见确定常规指标和等效指标的权重配比，再采用序关系法对二级指标进行排序赋权。

具体算法过程如下：

（1）根据专家意见确定一级指标的权重分配，第 $\lambda$ 个一级指标的权重记为 $w'_\lambda$。一级指标较少时可选择直接赋权，当一级指标较多时可采用序关系法确定指标权重。

（2）根据实际需求和专家意见，分别对各一级指标下的二级指标进行序关系赋权，确定第 $j$ 项二级指标在同类指标（同属于一类一级指标的二级指标）中的权重为 $w''_j$。

序关系法确定指标权重的方法如下：

假设有 $m$ 项评估指标，根据实际需求和专家意见，分别对指标进行序关系排序，记为 $C_1>C_2>\cdots>C_m$，选择相邻评估指标间的重要程度之比 $r_j$（$r_j=w_{j-1}/w_j$），根据公式计算指标权重，第 $j$ 项指标的权重 $w_j$ 的计算公式为

$$w_m=\left(1+\sum_{j=2}^{m}\prod_{i=j}^{m}r_i\right)^{-1} \tag{5-3}$$

$$w_{j-1}=r_jw_j\,(j=m,m-1,\cdots,2) \tag{5-4}$$

其中，$r_j$ 常用选值可参考表 5 - 2。

表 5-2　　$r_j$ 的赋值参考表

| $r_j$ | 赋值意义 | $r_j$ | 赋值意义 |
|---|---|---|---|
| 1.0 | 指标 $C_{j-1}$ 与指标 $C_j$ 具有相同重要性 | 1.6 | 指标 $C_{j-1}$ 比指标 $C_j$ 强烈重要 |
| 1.2 | 指标 $C_{j-1}$ 比指标 $C_j$ 稍微重要 | 1.8 | 指标 $C_{j-1}$ 比指标 $C_j$ 极端重要 |
| 1.4 | 指标 $C_{j-1}$ 比指标 $C_j$ 明显重要 | | |

（3）根据序关系法计算出的指标权重 $w''_j$ 和上层指标的权重 $w'_\lambda$，确定各二级指标的最终权重 $w_j$，即

$$w_j = w'_\lambda w''_j \tag{5-5}$$

### 5.1.4 算例分析

为了验证评估方法的可行性和有效性，从佛山市供电局南海、顺德、高明等地区选取了 10 条 10kV 馈线对应的 10 个配电网作为研究对象，进行指标数据采集和配电网用户侧供电可靠性状态评估。为了简化描述，下文中以配电网 S1～S10 分别代表 10 个样本馈线对应的待评估配电网。

#### 5.1.4.1 指标数据获取

供电可靠率、用户平均持续停电时间、用户平均短时停电时间、用户平均停电次数、重复停电概率、平均停电缺供电量、电压合格率这 7 项指标的统计值可以直接从供电企业的系统平台或可靠性工作报告中获取。采用本书方法计算获得各配电网的隐性缺供电量和等效停电次数，其中，该算例中的隐性缺供电量指标仅统计了由于低电压问题所导致的隐性缺供电量。待评估配电网 2017 年的供电可靠性指标原始数据如表 5-3 所示。

表 5-3　　待评估配电网 2017 年的供电可靠性指标原始数据

| 对象 | 供电可靠率/% | 用户平均持续停电时间/(h/户) | 用户平均短时停电时间/(h/户) | 用户平均停电次数/(次/户) | 重复停电概率/% | 平均停电缺供电量/MWh | 等效停电次数/(次/年) | 隐性缺供电量/MWh | 电压合格率/% |
|---|---|---|---|---|---|---|---|---|---|
| S1 | 99.91781 | 6.99 | 0.21 | 1.58 | 15.1 | 36.83335 | 2 | 0.82 | 99.24 |
| S2 | 99.9153 | 7.24 | 0.18 | 1.66 | 15.3 | 32.70592 | 6 | 14.33 | 97.78 |
| S3 | 99.87763 | 10.63 | 0.09 | 3.81 | 6.8 | 92.61941 | 20 | 4.57 | 96.24 |
| S4 | 99.85651 | 12.24 | 0.33 | 4.52 | 14.7 | 69.45547 | 4 | 3.25 | 98.29 |
| S5 | 99.82808 | 14.76 | 0.3 | 5.09 | 20.7 | 112.6048 | 34 | 13.48 | 95.78 |

续表

| 对象 | 供电可靠率/% | 用户平均持续停电时间/(h/户) | 用户平均短时停电时间/(h/户) | 用户平均停电次数/(次/户) | 重复停电概率/% | 平均停电缺供电量/MWh | 等效停电次数/(次/年) | 隐性缺供电量/MWh | 电压合格率/% |
|---|---|---|---|---|---|---|---|---|---|
| S6 | 99.72922 | 23.19 | 0.53 | 6.16 | 35.7 | 140.5027 | 3 | 9.11 | 97.55 |
| S7 | 99.63893 | 31.35 | 0.28 | 7.81 | 32.4 | 204.4339 | 0 | 0 | 99.41 |
| S8 | 99.62671 | 32.45 | 0.25 | 7.4 | 44 | 160.621 | 6 | 30.02 | 90.32 |
| S9 | 99.52032 | 41.77 | 0.25 | 13.12 | 65 | 133.7463 | 67 | 116.13 | 92.18 |
| S10 | 99.51929 | 41.83 | 0.28 | 14.53 | 68 | 164.864 | 4 | 11.05 | 98.93 |

根据用户的行业属性和年用电量，可计算出配电网中各类用户的占比，如表5-4所示。

**表5-4　　待评估配电网的各类用户占比**

| 用户分类 | 配电网中各类用户占比 | | |
|---|---|---|---|
| | Ⅰ级 | Ⅱ级 | Ⅲ级 |
| S1 | 13 | 75 | 12 |
| S2 | 5 | 35 | 60 |
| S3 | 45 | 40 | 15 |
| S4 | 10 | 30 | 60 |
| S5 | 45 | 45 | 10 |
| S6 | 10 | 40 | 50 |
| S7 | 0 | 30 | 70 |
| S8 | 0 | 25 | 75 |
| S9 | 5 | 30 | 65 |
| S10 | 0 | 40 | 60 |

#### 5.1.4.2　满意度加权因子和指标权重确定

本算例中满意度加权因子的梯度设置与序关系法中相邻评估指标间的重要程度之比 $r_j$ 的梯度相同，设为0.2，即“满意”“合格”“不合格”三种满意度等级对应的满意度加权因子分别为1.2、1.0、0.8。3项未设置满意度区间的指标的满意度加权因子全部取为1.0。根据5.1.2节设定的各类用户满意度区间划分准则，确定配电网各指标对应的满意度加权因子，判断结果如表5-5所示。

表 5-5　　各级用户的满意度加权因子表

| 用户分类 | 供电可靠率 /% | | | 用户平均持续停电时间 /(h/户) | | | 用户平均短时停电时间 /(h/户) | | | 用户平均停电次数 /(次/户) | | |
|---|---|---|---|---|---|---|---|---|---|---|---|---|
| | X1 | | | X2 | | | X3 | | | X4 | | |
| | Ⅰ级 | Ⅱ级 | Ⅲ级 | Ⅰ级 | Ⅱ级 | Ⅲ级 | Ⅰ级 | Ⅱ级 | Ⅲ级 | Ⅰ级 | Ⅱ级 | Ⅲ级 |
| S1 | 1 | 1 | 1.2 | 1 | 1 | 1.2 | 1 | 1 | 1.2 | 1 | 1.2 | 1.2 |
| S2 | 1 | 1 | 1.2 | 1 | 1 | 1.2 | 1 | 1.2 | 1.2 | 1 | 1.2 | 1.2 |
| S3 | 0.8 | 0.8 | 1 | 0.8 | 0.8 | 1 | 1.2 | 1.2 | 1.2 | 0.8 | 1 | 1 |
| S4 | 0.8 | 0.8 | 1 | 0.8 | 0.8 | 1 | 0.8 | 1 | 1 | 0.8 | 0.8 | 1 |
| S5 | 0.8 | 0.8 | 0.8 | 0.8 | 0.8 | 0.8 | 1 | 1 | 1 | 0.8 | 0.8 | 0.8 |
| S6 | 0.8 | 0.8 | 0.8 | 0.8 | 0.8 | 0.8 | 0.8 | 0.8 | 0.8 | 0.8 | 0.8 | 0.8 |
| S7 | 0.8 | 0.8 | 0.8 | 0.8 | 0.8 | 0.8 | 1 | 1 | 1 | 0.8 | 0.8 | 0.8 |
| S8 | 0.8 | 0.8 | 0.8 | 0.8 | 0.8 | 0.8 | 1 | 1 | 1.2 | 0.8 | 0.8 | 0.8 |
| S9 | 0.8 | 0.8 | 0.8 | 0.8 | 0.8 | 0.8 | 1 | 1 | 1.2 | 0.8 | 0.8 | 0.8 |
| S10 | 0.8 | 0.8 | 0.8 | 0.8 | 0.8 | 0.8 | 1 | 1 | 1 | 0.8 | 0.8 | 0.8 |

| 用户分类 | 重复停电概率 /% | | | 平均停电缺供电量 /MWh | | | 等效停电次数 /(次/年) | | | 隐性缺供电量 /MWh | | | 电压合格率 /% | | |
|---|---|---|---|---|---|---|---|---|---|---|---|---|---|---|---|
| | X5 | | | X6 | | | X7 | | | X8 | | | X9 | | |
| | Ⅰ级 | Ⅱ级 | Ⅲ级 | Ⅰ级 | Ⅱ级 | Ⅲ级 | Ⅰ级 | Ⅱ级 | Ⅲ级 | Ⅰ级 | Ⅱ级 | Ⅲ级 | Ⅰ级 | Ⅱ级 | Ⅲ级 |
| S1 | 1 | 1 | 1 | 1 | 1 | 1 | 1.2 | 1.2 | 1.2 | 1 | 1 | 1 | 1.2 | 1.2 | 1.2 |
| S2 | 1 | 1 | 1 | 1 | 1 | 1 | 1 | 1 | 1 | 1 | 1 | 1 | 1 | 1 | 1.2 |
| S3 | 1 | 1 | 1 | 1 | 1 | 1 | 0.8 | 0.8 | 0.8 | 1 | 1 | 1 | 0.8 | 1 | 1 |
| S4 | 1 | 1 | 1 | 1 | 1 | 1 | 1 | 1 | 1.2 | 1 | 1 | 1 | 1 | 1.2 | 1.2 |
| S5 | 1 | 1 | 1 | 1 | 1 | 1 | 0.8 | 0.8 | 0.8 | 1 | 1 | 1 | 0.8 | 0.8 | 1 |
| S6 | 1 | 1 | 1 | 1 | 1 | 1 | 1.2 | 1.2 | 1.2 | 1 | 1 | 1 | 1 | 1 | 1.2 |
| S7 | 1 | 1 | 1 | 1 | 1 | 1 | 1.2 | 1.2 | 1.2 | 1 | 1 | 1 | 1.2 | 1.2 | 1.2 |
| S8 | 1 | 1 | 1 | 1 | 1 | 1 | 1 | 1 | 1 | 1 | 1 | 1 | 0.8 | 0.8 | 0.8 |
| S9 | 1 | 1 | 1 | 1 | 1 | 1 | 0.8 | 0.8 | 0.8 | 1 | 1 | 1 | 0.8 | 0.8 | 0.8 |
| S10 | 1 | 1 | 1 | 1 | 1 | 1 | 1 | 1 | 1.2 | 1 | 1 | 1 | 1 | 1.2 | 1.2 |

为了方便描述，下文中将供电可靠率、用户平均持续停电时间、用户平均短时停电时间、用户平均停电次数、重复停电概率、平均停电缺供电量、等效停电次数、隐性缺供电量、电压合格率依次编号为 X1～X9。

根据实际电网管理需求，首先设定常规供电可靠性指标和考虑电能质量的等效可靠性指标的权重分配为 7∶3，然后确定两个一级指标下的二级指标的序关系排序。常规供电可靠性指标对应的 6 个二级指标的序关系排序为 X1＞X4＞X2＝X3＞X6＞X5，相邻评估指标间的重要程度之比 $r_j$ 依次为 1.6、1.2、1.0、1.4、1.2。考虑电能质量的等效可靠性指标对应的 3 个二级指标的序关系排序为 X7＝X8＞X9，重要程度之比 $r_j$ 分别为 1.0、1.4。最终计算得出的指标权重如表 5－6 所示。

表 5－6　　根据分层序关系法确定的指标权重

| 一级指标 | 常规供电可靠性指标 | | | | | | 考虑电能质量的等效可靠性指标 | | |
|---|---|---|---|---|---|---|---|---|---|
| 权重 | 0.7 | | | | | | 0.3 | | |
| 二级指标 | 供电可靠率 | 用户平均持续停电时间 | 用户平均短时停电时间 | 用户平均停电次数 | 重复停电概率 | 平均停电缺供电量 | 考虑电能质量的等效停电次数 | 考虑电能质量的隐性缺供电量 | 电压合格率 |
| 指标编号 | X1 | X2 | X3 | X4 | X5 | X6 | X7 | X8 | X9 |
| 权重 | 0.2090 | 0.1089 | 0.1089 | 0.1306 | 0.0648 | 0.0778 | 0.1105 | 0.1105 | 0.0790 |

### 5.1.4.3　评估结果分析

分别计算不同敏感度等级用户对配电网的供电可靠性评估值，再根据各等级用户的占比折算出最终的总评估值，具体结果如表 5－7 所示。

表 5－7　　各配电网的评估结果

| 评估值 | S1 | S2 | S3 | S4 | S5 | S6 | S7 | S8 | S9 | S10 |
|---|---|---|---|---|---|---|---|---|---|---|
| Ⅰ级用户评估值 | 0.9910 | 0.9281 | 0.7703 | 0.7340 | 0.6012 | 0.5567 | 0.5681 | 0.4232 | 0.1294 | 0.3585 |
| Ⅱ级用户评估值 | 1.0172 | 0.9714 | 0.8022 | 0.7577 | 0.6012 | 0.5567 | 0.5681 | 0.4232 | 0.1294 | 0.3735 |
| Ⅲ级用户评估值 | 1.0966 | 1.0475 | 0.8593 | 0.8526 | 0.6107 | 0.5693 | 0.5681 | 0.4370 | 0.1432 | 0.3942 |
| 总评估值 | 1.0233 | 1.0149 | 0.7964 | 0.8123 | 0.6022 | 0.5630 | 0.5681 | 0.4336 | 0.1384 | 0.3859 |

从表 5－7 可以看出，如果仅依据供电可靠率、停电时间、停电次数这三类常规供电可靠性指标的高低来判断配电网的供电可靠性，10 个配电网的传统供电可靠性从高到低依次是 S1＞S2＞S3＞S4＞S5＞S6＞S7＞S8＞S9＞S10。而依据本书建立的考虑用户用电体验和电能质量的配电网供电可靠性评估指标体系和评估方法给出的排序结果为 S1＞S2＞S4＞S3＞S5＞S7＞S6＞S8＞S10＞S9。

结合表 5－3 的供电可靠性指标原始数据和表 5－7 的配电网供电可靠性状态评估结果进行对比分析发现，在考虑重复停电概率、电能质量等效可靠性指标等新增指标后，供电可靠性状态评估结果能够反映配电网中存在的降低用户侧供电可靠性的问题。通过对算例结果的分析，可得出以下结论：

（1）不同敏感度等级的用户对相同可靠性指标的评估结果存在明显梯度，所以配电网中各类用户的占比对考虑用户需求差异的配电网供电可靠性状态评估值有显著的影响。

Ⅰ级、Ⅱ级、Ⅲ级用户对配电网 S3 的供电可靠性评估值均高于配电网 S4，但由于配电网 S3 的Ⅰ级、Ⅱ级用户比例较高，整体用户对供电可靠性和电能质量的要求和期望较高，而配电网 S4 的Ⅲ级用户占比达到 60%，用户对可靠性的要求相对较低，因此配电网 S3 的最终可靠性状态评估值低于配电网 S4。

可见，本书提出的配电网用户侧供电可靠性状态评估方法能够充分体现用户需求差异，不仅能够表征配电网用户侧供电可靠性的客观水平，还能一定程度上反映现有可靠性与用户可靠性期望的匹配程度。评估结果将有助于供电企业更有针对性地开展供电可靠性工作，最大程度提升客户对供电服务的满意度。

（2）评估方法采用了考虑电能质量影响的综合评估指标体系，不仅能考察停电事件的影响情况，还能够反映电能质量问题对用户可靠性体验的影响程度，使评估结果更接近用户的真实供电可靠性感受。

与配电网 S4 供电可靠率相近的配电网 S5，由于存在电压暂降和低电压等电能质量问题，等效停电次数、隐性缺供电量、电压合格率 3 项指标明显劣于配电网 S4，因此配电网 S5 的供电可靠性评估值显著低于 S4。配电网 S9 不仅平均持续停电时间长，平均停电次数多，重复停电概率高，还存在严重的电能质量问题，3 项电能质量等效指标表现较差，因此配电网 S9 供电可靠性综合评估结果最差，且配电网 S9 的评估值明显低于供电可靠率与其相近的配电网 S8、S10。

由电能质量问题引起的用户侧跳闸停电或主要用电设备无法启动，用户被迫削减负荷的情况会大大降低用户侧供电可靠性水平，但这些问题在供电可靠率、停电时间、停电次数等传统供电可靠性指标中无法体现，导致用户实际感受到的供电可靠性与供电企业公布的可靠性统计指标存在差距。采用本书设计的新供电可靠性指标体系进行配电网供电可靠性评估，能够很好地弥补现行供电可靠性评估的不足，使评估结果更全面地反映配电网的供电可靠性，更接近用户的实际供电可靠性体验。在以后的电力市场中，这种考虑用户用电体验的配电网用户侧供电可靠性评估将成为供电企业和电力用户双方均接受的评估方式。

## 5.2 考虑多时段发展趋势的用户侧供电可靠性动态评估方法

由于气候、雷击故障等不确定因素的影响，供电可靠性指标都是时序动态变化的，且存在一定的随机性，仅以某一时段的状态评估值难以准确判断配电网整体的供电可靠性水平。本章基于可靠性状态评估的结果，提出一种考虑多时段发展趋势的配电网用户侧供电可靠性动态评估方法。将基于双激励控制线的动态综合评估方法引入配电网供电可靠性评估领域，通过制定线性的激励惩罚机制，对配电网“可靠性高的时段”进行“激励”，对“可靠性差的时段”进行“惩罚”，拉大了优质和劣质评估对象的区分度，实现对配电网多个时间段状态评估结果的有效信息集结。该动态评估方法能够全面体现配电网供电可靠性的当前水平和历史水平，为供电企业规划部门和电力用户提供更具指导价值的评估结果。

### 5.2.1　动态评估方法设计

由于停电事件存在一定的随机性，年度或月度的供电可靠性状态评估结果通常只适用于供电企业对其配电网运行部门的考核评估，但不足以为电网规划部门提供足够的参考和指导。规划部门在选择可靠性改造投资配电网时不能只考察某一时间节点的供电可靠性，需要全面考虑长时段配电网的总体供电可靠性水平及其发展变化趋势。因此，有必要对配电网考虑多时段的用户侧供电可靠性水平和发展趋势的动态评估进行研究。

基于双激励控制线的信息集结算法将离散的点转化为单位时间段内连续的曲线，引入两条正负激励线，对处于正激励线以上的部分进行适度“奖励”，对处于负激励线以下的部分进行适度“惩罚”，利用正负激励系数进行加权求和之后获得各时间段的新评估值，经过时间因子对新评估值加权求和得到评估对象全过程的动态综合评估值。多时段的评估值连线构成评估对象的发展轨迹，其与横轴所包围的面积即反映了该评估对象在多时段内的总体状况，其综合评估值可以用一个积分表示，如图5-2所示，$t_k y_{i,k} y_{i,k+1} t_{k+1}$ 与横轴包围的面积 $S$ 则反映了评估对象 $i$ 在 $[t_k, t_{k+1}]$ 内的总体状况，此时其动态评估值表示为积分的形式

$$s_{ik} = \int_{t_k}^{t_{k+1}} \left[ y_{i,k} + (t - t_k) \frac{y_{i,k+1} - y_{i,k}}{t_{k+1} - t_k} \right] \mathrm{d}t \tag{5-6}$$

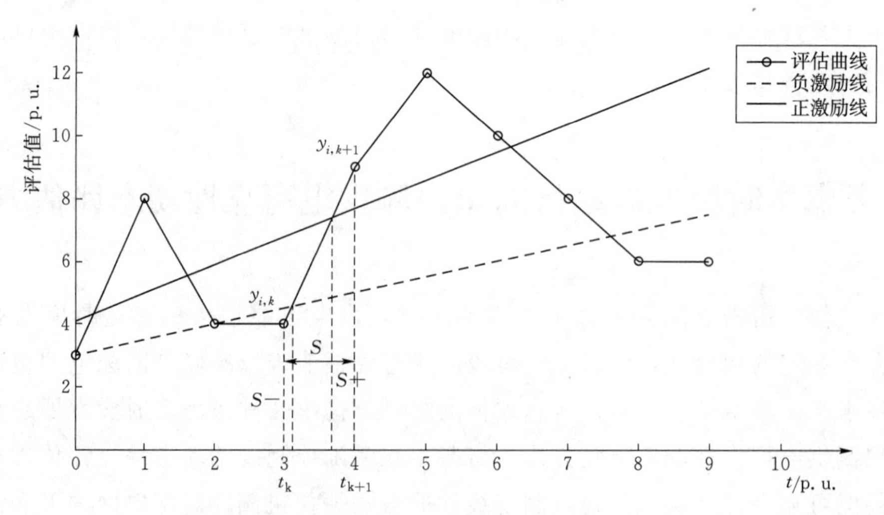


图5-2　双激励控制线信息集结示意图

由于正负激励线的引入，评估对象的信息集结考虑了对正负激励线以外部分的奖

惩，设 $s_{ik}^{\pm}$ 为评估对象 $i$ 在 $[t_k, t_{k+1}]$ 内带激励的动态综合评估值，用公式表示为

$$s_{ik}^{\pm} = \mu^{+} s_{ik}^{+} + s_{ik} - \mu^{-} s_{ik}^{-} \tag{5-7}$$

式中 $\mu^{+}$，$\mu^{-}$（$\mu^{+}$，$\mu^{-}>0$）——正负激励系数；

$s_{ik}^{+}$ 与 $s_{ik}^{-}$——正激励综合评估值与负激励综合评估值。

对全过程 $[t_1, t_{T_N}]$ 中的各个时段进行加权综合，得到评估对象 $i$ 带激励的总动态综合评估值 $s_i^{\pm}$，即有

$$s_i^{\pm} = \sum_{k=1}^{N-1} h_k s_{ik}^{\pm} \tag{5-8}$$

式中 $h_k$（$h_k>0$，$k=1$，2，…，$N$）——时间因子，其设定根据决策者的需要而调整。例如为了体现“薄古厚今”，即注重近期的发展状况，可以令 $\{h_k\}$ 为递增的序列。

确定正负激励系数 $\mu^{+}$、$\mu^{-}$ 应遵循以下两条准则：

（1）激励守恒原则。对于全体 $m$ 个评估对象而言，正负激励的总量是相等的，即

$$\mu^{+} \sum_{i=1}^{n} \sum_{k=1}^{N-1} s_{ik}^{+} = \mu^{-} \sum_{i=1}^{n} \sum_{k=1}^{N-1} s_{ik}^{-} \tag{5-9}$$

（2）适度激励原则。正负激励系数的和为 1，用公式表示为

$$\mu^{+} + \mu^{-} = 1 \tag{5-10}$$

## 5.2.2 综合评估步骤

供电可靠性动态评估的基础数据来源于可靠性状态评估结果，进行长时段的可靠性动态评估之前需要先进行每个时段的可靠性状态评估。整个动态综合评估的评估思路如图 5-3 所示。

本书采用基于双激励控制线的综合评估算法设计了配电网供电可靠性动态综合评估方法，具体操作步骤如下：

（1）根据评估需求划分时间段，采用 5.1 节的配电网用户侧供电可靠性状态评估方法，对每个时段的用户侧供电可靠性进行状态评估。静态评估的时间段划分一般以年或月为单位，具体可根据动态评估的总考察时间进行合理选择。例如：当动态评估的考察时段为 1 年时，应对 12 个月分别进行状态评估；当对配

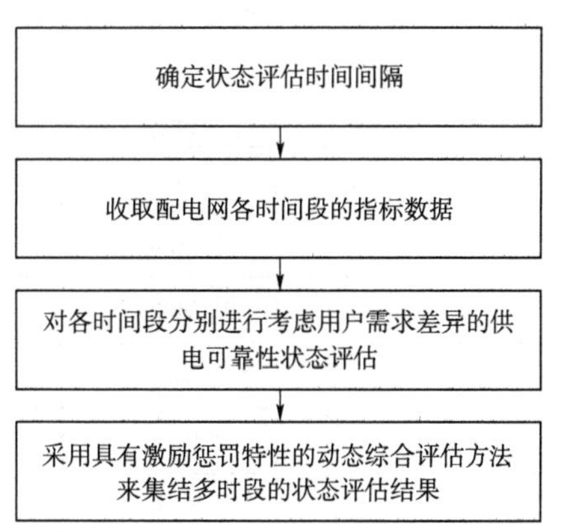


图 5-3 考虑多时段发展趋势的配电网供电可靠性动态评估思路

电网连续多年的供电可靠性进行动态评估时，则可用每年的状态评估结果作为数据基础。

（2）选择正负激励线的起始点（$y_0^{\pm}$，$t_0$）、斜率偏度 $v^+$、$v^-$，计算全态激励线斜率 $k_a{}^+$、$k_a{}^-$，进而确定正负激励线方程 $y=y_0^{\pm}+k^{\pm}(t-t_0^{\pm})$。不同配电网的供电可靠性变化趋势往往各不相同，因此，在供电可靠性动态评估中建议采用全态激励线。

（3）以时间 $t$ 为横轴，在同一坐标轴上画出各配电网的静态评估值变化曲线和正负激励线。

（4）计算各配电网在各时段内与横轴围成的总面积 $s_{ik}$ 以及正、负激励面积 $s_{ik}{}^+$、$s_{ik}{}^-$。

（5）依据激励守恒和适度激励准则，确定正负激励系数 $\mu^+$、$\mu^-$，计算各时段带激励的动态综合评估值 $s_{ik}{}^{\pm}$。

（6）根据应用需求选择时间因子 $h_k$，对每个配电网所有时段的动态综合评估值进行加权综合，得出最终动态评估结果 $s_i{}^{\pm}$。

### 5.2.3　算例分析

本章算例同样选取 5.1.3 节中算例的 10 个配电网作为研究对象，以 1 年为时间间隔，采用配电网的年度供电可靠性指标逐年进行考虑用户需求差异的用户侧供电可靠性状态评估，每年的评估结果如表 5－8 所示。

表 5－8　　配电网连续 5 年的用户侧供电可靠性状态评估结果

| 配电网编号 | 评估结果 | | | | |
|---|---|---|---|---|---|
| | 2013 年 | 2014 年 | 2015 年 | 2016 年 | 2017 年 |
| S1 | 101.50 | 105.61 | 100.57 | 101.86 | 102.33 |
| S2 | 99.15 | 101.47 | 104.41 | 103.24 | 101.49 |
| S3 | 98.79 | 101.17 | 93.67 | 88.43 | 79.64 |
| S4 | 70.59 | 75.43 | 79.22 | 81.65 | 82.48 |
| S5 | 81.32 | 68.57 | 73.66 | 56.49 | 60.22 |
| S6 | 76.29 | 80.45 | 80.33 | 78.16 | 56.30 |
| S7 | 53.94 | 57.37 | 59.88 | 56.77 | 56.81 |
| S8 | 11.49 | 34.21 | 42.61 | 40.87 | 43.36 |
| S9 | 51.06 | 48.94 | 30.81 | 25.17 | 13.84 |
| S10 | 41.92 | 37.35 | 45.99 | 42.72 | 38.59 |

从表 5－8 可以看出，各配电网的供电可靠性状态评估值曲线的走势不一，可见

10个样本配电网的供电可靠性水平并不稳定，且发展趋势区别明显。

正、负激励线斜率偏移度分别取 $v^+=0.5$、$v^-=0.2$，则正、负激励线的斜率分别为 $k^+=0.0335$、$k^-=-0.0288$。正激励线的 $y$ 轴 $y_0{}^+$ 初始值取第一个时间段内较优的一半状态评估值的平均值，即2013年配电网S1、S2、S3、S5、S6的状态评估值的平均值；负激励线的 $y$ 轴初始值 $y_0{}^-$ 取第一个时间段内较差的一半状态评估值的平均值，即2013年配电网S4、S7、S8、S9、S10的状态评估值的平均值。正负激励线的数学公式可表示为

$$\begin{aligned} y^+ &= 0.0335(t-1)+0.9141 \\ y^- &= -0.0288(t-1)+0.4580 \end{aligned} \tag{5-11}$$

各配电网的用户侧供电可靠性状态评估值曲线和正负激励线如图5-4所示。

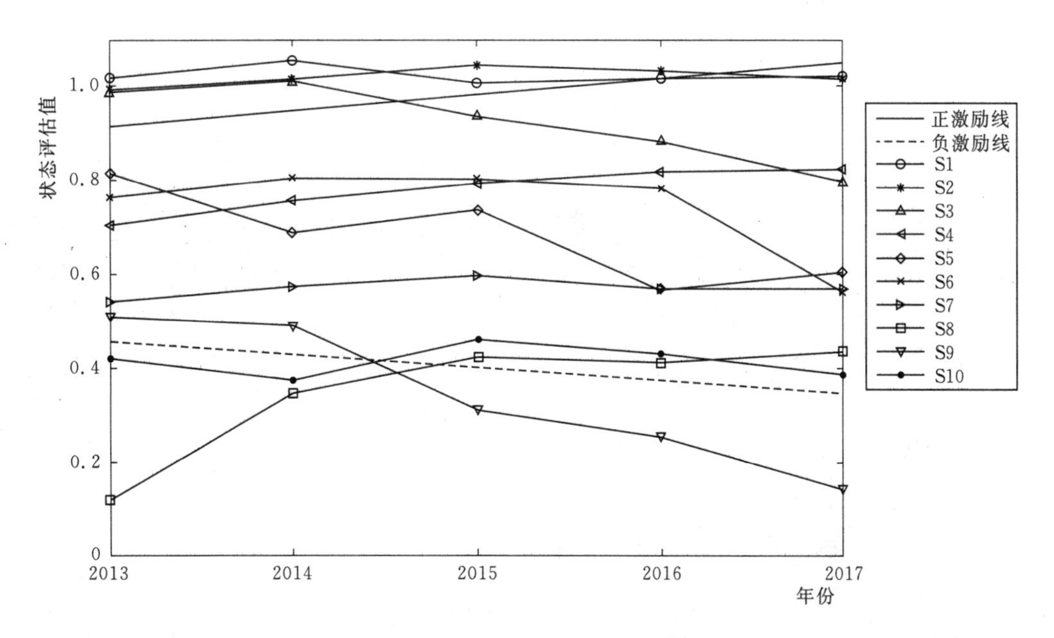


图5-4 配电网多时段可靠性信息集结图

从图5-4中可看出，配电网S1、S2基本处于正激励线上方，说明其供电可靠性水平一直处于较高水平，而且波动不大；配电网S3前两年处于正激励线上方，供电可靠性水平较高，后三年处于无激励区间，供电可靠性水平有所下降，但仍处于中上水平；配电网S4、S5、S6、S7一直处于正负激励线之间，在所有评估配电网中它们的供电可靠性处于中等水平，其中，配电网S4、S7的供电可靠性发展较为稳定，配电网S5的供电可靠性波动性较大且有下降趋势；配电网S8、S10前两年处于负激励线下方，供电可靠性水平偏低，2015—2017年进入无激励区间，虽然供电可靠性处于中下水平，但其发展趋势并未进一步恶化；配电网S9在2013年、2014年处于负激励线上方，供电可靠性处于中下水平，而后三年均处于负激励线下方，且供电可靠性逐

年下降。

计算得正负激励系数分别为 $\mu^{+}=0.0626$，$\mu^{-}=0.9374$。表 5－2 中给出了待评估配电网在各时段的总面积和正负激励面积。取时间因子 $h_k=1$，计算得出的最终动态评估结果如表 5－9 所示。

**表 5－9　　配电网各时段的正负激励面积和总面积**

| 对象编号 | | 2013—2014 年 | 2014—2015 年 | 2015—2016 年 | 2016—2017 年 |
|---|---|---|---|---|---|
| 总面积 | S1 | 1.0356 | 1.0309 | 1.0122 | 1.0210 |
| | S2 | 1.0031 | 1.0294 | 1.0383 | 1.0237 |
| | S3 | 0.9998 | 0.9742 | 0.9105 | 0.8404 |
| | S4 | 0.7301 | 0.7733 | 0.8044 | 0.8207 |
| | S5 | 0.7495 | 0.7112 | 0.6508 | 0.5836 |
| | S6 | 0.7837 | 0.8039 | 0.7925 | 0.6723 |
| | S7 | 0.5566 | 0.5863 | 0.5833 | 0.5679 |
| | S8 | 0.2285 | 0.3841 | 0.4174 | 0.4212 |
| | S9 | 0.5000 | 0.3988 | 0.2799 | 0.1951 |
| | S10 | 0.3964 | 0.4167 | 0.4436 | 0.4066 |
| 正激励面积 | S1 | 1.0356 | 1.0309 | 1.0122 | 10.8355 |
| | S2 | 1.0031 | 1.0294 | 1.0383 | 6.0036 |
| | S3 | 0.9998 | 2.9367 | 0 | 0 |
| | S4 | 0 | 0 | 0 | 0 |
| | S5 | 0 | 0 | 0 | 0 |
| | S6 | 0 | 0 | 0 | 0 |
| | S7 | 0 | 0 | 0 | 0 |
| | S8 | 0 | 0 | 0 | 0 |
| | S9 | 0 | 0 | 0 | 0 |
| | S10 | 0 | 0 | 0 | 0 |
| 负激励面积 | S1 | 0 | 0 | 0 | 0 |
| | S2 | 0 | 0 | 0 | 0 |
| | S3 | 0 | 0 | 0 | 0 |
| | S4 | 0 | 0 | 0 | 0 |
| | S5 | 0 | 0 | 0 | 0 |
| | S6 | 0 | 0 | 0 | 0 |
| | S7 | 0 | 0 | 0 | 0 |
| | S8 | 0.2285 | 0.2891 | 0 | 0 |
| | S9 | 0 | 0.2197 | 0.2799 | 0.1951 |
| | S10 | 0.3964 | 0.1906 | 0 | 0 |

**表 5-10　　近 5 年动态评估和 2017 年状态评估的结果对比**

| 对象 | S1 | S2 | S3 | S4 | S5 | S6 | S7 | S8 | S9 | S10 |
|---|---|---|---|---|---|---|---|---|---|---|
| 5 年动态评估值 | 1.2428 | 1.1657 | 0.9929 | 0.7821 | 0.6737 | 0.7631 | 0.5735 | 0.2415 | 0.1807 | 0.2782 |
| 2017 年状态评估值 | 1.0233 | 1.0149 | 0.7964 | 0.8123 | 0.6022 | 0.5630 | 0.5681 | 0.4336 | 0.1384 | 0.3859 |

结合近 5 年的供电可靠性水平及其发展趋势，10 个配电网的供电可靠性动态评估结果从优到劣的排序依次为 S1＞S2＞S3＞S4＞S6＞S5＞S7＞S10＞S8＞S9。与 2017 年的供电可靠性状态评估结果（S1＞S2＞＞S4＞S3＞S5＞S7＞S6＞S8＞S10＞S9）相对比（表 5-10），可以看出：

（1）配电网 S1、S2 在两种供电可靠性评估中得出的供电可靠性均排在前两位，说明无论是 2017 年当年的供电可靠性水平还是近 5 年的整体可靠性水平都处于较高水平。另外，由于这两个配电网每年的供电可靠性状态评估结果均处于正激励控制线上方，在动态评估中获得较大的正激励面积，所以它们与其他配电网的动态评估值之差比 2017 年的状态评估值之差更大。

（2）S3～S6 4 个配电网在两种评估中的供电可靠性评估值和排序存在一定差异。配电网 S3 在 2017 年的可靠性状态评估值略低于配电网 S4，但前四年的状态评估值均明显高于配电网 S4，因此 S3 的近 5 年动态评估值高于 S4。可见，动态评估结果能够有效反映配电网供电可靠性的历史水平，降低随机因素对配电网整体可靠性判断的干扰。

（3）在无正负激励的条件下，配电网 S4 的动态评估值低于 2017 年的状态评估值，说明该配电网的供电可靠性水平整体呈上升趋势；而配电网 S3、S5、S6 在 2017 年的状态评估值低于动态评估值，说明供电可靠性虽然整体处于中上水平，但呈现下降发展趋势，需要给予一定关注。

（4）由于配电网 S7 的供电可靠性水平稳定，波动较小，其可靠性动态评估值与 2017 年的可靠性状态平均值基本相同。可见，当配电网供电可靠性水平较为稳定时，某一时间段的状态评估可以得出与动态评估较为一致的结果。

（5）配电网 S8、S10 在动态评估和 2017 年状态评估中都获得了较为接近的结果，说明供电可靠性水平较为接近；但是由于配电网 S8 前四年的可靠性状态评估值均低于配电网 S10，且它在第一时段的负激励面积明显较大，从长期的供电可靠性整体水平来说配电网 S10 略优于配电网 S8，此分析判断结论充分印证了动态评估结果的合理性和有效性。

从算例分析中可以看出，本书设计的带有激励惩罚机制的动态评估方法可以有效拉开供电可靠性评估值的差距，有助于更清晰地区分供电可靠性较高和较差的配电网。相比于以某一时段的状态评估结果来判断配电网的用户侧供电可靠性水平，考虑多时段发展趋势的用户侧供电可靠性动态评估方法能够更全面地反映配电网现有和历史的供电可靠性水平以及发展趋势，得出更综合更具有参考价值的评估结果，有利于供电企业准确把握配电网的整体可靠性水平。

## 5.3 两种评估方法的适用场景

5.1 节提出的考虑用户需求差异的配电网供电可靠性状态评估方法是一种静态横向对比方法，可用于同时期内不同区域配电网之间的供电可靠性水平对比，适用于供电企业的运行部门对各配电网的可靠性年度、月度状态评估。

5.2 节所设计的考虑多时段发展趋势的配电网供电可靠性动态评估方法属于动态的纵横向对比方法，可将不同配电网多个时间段的总体水平进行比较。与静态横向评估相比，动态的纵横向评估既能够体现评估对象当前的可靠性水平，又能反映其历史水平和发展趋势，可以挖掘出可靠性现状较好且发展趋势积极的配电网。该方法的适用场景如下：

（1）指导供电企业的规划部门合理选择配电网进行供电可靠性改造投资。

（2）较长时段的供电可靠性工作绩效评价。

（3）电力市场中用户选择供电企业的评判依据。

## 5.4 本章小结

本章主要进行了以下工作：

（1）设计了一种考虑用户需求差异的配电网用户侧供电可靠性状态评估方法。采用前文建立的新供电可靠性指标体系，首先制定了三类用户对供电可靠率、用户平均持续停电时间等 6 项可靠性指标的满意度划分准则和满意度加权因子，根据指标值所属的满意度区间确定其对应的加权因子，然后采用分层序关系法进行指标赋权，最后通过加权求得用户侧供电可靠性状态评估值。

（2）通过算例分析验证了该用户侧供电可靠性状态评估方法的有效性。本文选取了佛山地区 10 个配电网作为算例，验证了本书提出的用户侧供电可靠性状态评估方法不仅能够表征配电网的供电可靠性客观水平，还能充分考虑不同敏感度用户对供电可靠性的需求差异，一定程度上反映现有可靠性与用户可靠性期望的匹配程度，可用于用户侧供电可靠性的静态横向比较，能够帮助供电企业有针对性地开展供电可靠性提升工作。

（3）设计了一种考虑多时段发展趋势的配电网用户侧供电可靠性动态评估方法。

该评估方法采用基于双激励控制线的动态综合评估算法，通过制定线性的激励惩罚机制，对配电网“可靠性高的时段”进行“激励”，对“可靠性差的时段”进行“惩罚”，实现对配电网多个时间段状态评估结果的有效信息集结，同时能够拉开优质和劣质配电网的可靠性动态评估结果的区分度。

（4）通过算例分析验证了该用户侧供电可靠性动态评估方法的实用性。本书以相同的10个佛山地区配电网作为算例，验证了该评估方法可用于用户侧供电可靠性的动态纵横向比较，当配电网供电可靠性水平时序变动较大时，考虑配电网可靠性历史水平的动态评估结果能够有效降低随机因素对配电网整体可靠性判断的干扰，对电网规划部门的指导意义更为突出；当配电网供电可靠性水平较为稳定时，某一时间段的状态评估可以得出与动态评估较为一致的结果。

# 参 考 文 献


［1］郭亚军．综合评价理论、方法及应用［M］．北京：科学出版社，2007.

［2］陈陌，郭亚军，于振明．改进型序关系分析法及其应用［J］．系统管理学报，2011，20（3）：352－355.

［3］袁金晶．区域电网电能质量动态综合评价方法研究［D］．广州：华南理工大学，2012.

［4］欧阳森，石怡理，刘洋．基于双激励控制线的区域电网电能质量动态综合评价方法［J］．电网技术，2012，36（12）：205－210.

# 第6章

# 用户侧供电可靠性提升技术及其优化研究

## 6.1 考虑用户需求驱动的供电可靠性提升方法

### 6.1.1 配电网供电可靠性提升方法

用户侧供电可靠性依赖于配电网供电可靠性，若配电网供电可靠性不良，用户侧供电可靠性也必然受到影响。因此，要提高用户侧供电可靠性，首先要保证配电网供电可靠性良好。配电网供电可靠性的改善措施如下：

**1. 加强配电网规划和改造优化配电网结构**

做好负荷预测工作，合理安排电源点建设，确保配电网有充足的电源供应和备用容量，尽可能减少因限电造成的供电可靠性降低。在配电网中推广采用多回线、环网、多分段连接等方式，以提高利用率和供电可靠性。改善和优化输、配网架结构，满足电网的“$N-1$”准则和合理的变压器容载比，因地制宜地选择接线模式。

采用合理的配电方式、增强系统运行灵活性等。可采用节点网络方式、备用线路自动切换方式等配电方式。采取配电自动化技术，实现运行操作、情报信息收集处理等的综合自动化。通过配网自动化，实现配网重构，在重构中建立以可靠性指标为最优目标函数的数学模型。这种方法只对系统原有设备进行优化组合，不需增加投资，因而可带来较大的经济效益。

**2. 实施状态检修和带电作业以缩短停电时间**

状态检修又称视情检修、预知检修、适应性检修。它与定期计划性检修的主要区别是以实际运行状态取代固定的检修周期，其基本思想是设备应尽可能长时间地处于运行状态，只有到设备结构和性能即将破坏的临界状态才停运检修，或者是合理利用施工停电或者其他原因造成的停电间隙对设备进行设备维护、检测、检修等；也就是根据设备运行状态结合电网运行需要合理地优化检修方案，做到应修必修，使检修工作做到有针对性，目标明确。从而避免盲目检修和过度检修的状况。

带电作业是避免检修停电，保证正常供电的有效措施。带电作业的内容可分为带电测试、带电检查和带电维修等。带电作业的对象包括发电厂和变电站电工设备、架空输电线路、配电线路和配电设备。带电作业的主要项目有更换线路杆塔，更换导线、母线和架空地线，清扫和更换绝缘子，水冲洗绝缘子，压修补导线和架空地线，检测绝缘不良绝缘子，测试更换隔离开关和避雷器，测试变压器温升及介质损耗值，检修断路器，滤油及加油，清刷导线及避雷线并涂防腐油脂等。

开展状态检修和带电作业停电次数可以大大下降，既减少了检修工作量，又减少了对用户的停电次数，无疑会为运行的安全和供电可靠性带来明显的成效。

**3. 改进和完善供电可靠性指标评估体系**

目前，配电网可靠性管理只统计到中压用户，即统计的范围为10kV配电变压器，每台配电变压器为一户，未涉及低压用户。随着市场经济的发展和电网商业化运营步伐的加快，新颁布的《供电营业规则》规定在全国范围内实行一户一表、抄表到户的管理体制。因此，由供电企业直接管理服务、直接承担供电责任的低压用户数量将迅速增加。作为以户为统计单位的可靠性管理若继续只统计中压用户将是不完整的，不能全面反映各类用户实际的供电可靠性。无助于发现和改进低压配电网中存在的问题，影响进一步提高供电可靠性和提高经济效益。同时，多数发达国家的可靠性统计也是统计到低压用户的。因此，改进和完善供电可靠性指标体系，是供电企业自身发展、提高广大用户供电质量以及逐步实现与国际接轨的必要条件。

**4. 加强配电网管理工作提高可靠性水平**

建立专门的配电网供电可靠性管理机构，配备专门人员，执行统一口径。建立统一的企业信息数据平台，实现可靠性数据的共享，保证统计数据的有用性、准确性、及时性。实行目标管理，根据企业自身实际情况提出可行的预期可靠性目标，组织指标的层层分解细化，落实具体保证目标实现的措施，并严格进行考核，形成有效激励机制，促进供电可靠性提高。

### 6.1.2　兼顾用户用电需求的停电方案选择

停电次数与停电时间是最影响用户侧供电可靠性体验的两个方面，提高用户侧供电可靠性最直接的措施是考虑不同用户不同用电需求的停电方案优化。

配电网运行的根本目标是，配电网的发电容量及发电量要满足负荷需求。由于上级电源或变压器可能会有发生故障、非正常运行、短时间限电或因检修停运的情况，并且接入的分布式电源其出力具有随资源状况不同而变化的随机性和间歇性特点，因此当出现以上原因时，配电网发电容量有可能不能满足当时负荷的需求；此时可以选择对部分负荷进行停电或限电操作，来保证配电网的平稳运行。因此选择最优的停电方案至关重要。

配电网最优停电方案是配电网自动化的重要组成部分。在既定的时间段内，必须停供一定容量、电量的前提下，若与用户失电后果价值信息相结合，那么该停电方案即为考虑不同用户失电价值的停电最优组合，也可为可靠性提供保障。

为从用户侧角度进行配电网供电可靠性分析和研究可靠性提升技术，需要充分挖掘用户的可靠性依赖程度信息，即在发生停电供电的状态下，不同可靠性需求的用户所产生的停电后果是不同的。用户的可靠性需求和用户自身特性有关，考虑可靠性需求的用户特性，可以从用户的安全等级高低、用户的停电损失大小以及用户是否装设备用电源来定义。衡量停电后果价值系数的三个因素，分别用用户安全级别价值系数、停电经济损失价值系数、分布式自备电源的供电能力价值系数来进行描述。

### 1. 用户安全级别价值系数

用户安全级别价值系数是指依据用户对供电可靠性的需求和用户中断供电的危害程度，从停电对用户安全影响的角度对不同用户划定的用户安全级别指标的相对值。其中，停电对用户安全影响是指停电造成人身伤亡事故、造成环境污染和破坏、危害国家安全、造成政治影响和扰乱社会秩序 5 个方面。

对用户上述 5 个方面的影响通过专家打分法得到 5 个量化指标，即每个用户对应 5 个分数值，之后基于客观赋权法及灰色关联度法，将这 5 个指标值通过客观赋权并且与标准指标进行比较，综合计算得到综合关联度系数，定义该系数为用户安全级别指标值。该数值越大，反映出用户的安全级别越高，停电造成的后果也越严重。

对所有的用户点，以供电区域内所有用户的安全级别指标的均值作为基准，每个用户的安全级别指标与该均值的相对比值作为用户安全级别价值系数，即

$$x_{i1} = \frac{\gamma_i}{\sum_{j=1}^{k} \frac{\gamma_j}{k}} \tag{6-1}$$

式中 $x_{i1}$——用户 $i$ 的安全级别价值系数；

$k$——供电区域内的用户数量。

用户安全级别价值系数值越大，说明停电对用户的安全影响越大，用户停电造成的后果也越严重。

**2. 用户停电经济损失价值系数**

用户停电经济损失价值系数是用于从经济角度衡量用户停电后果的量化值，其取值方法为用户的单位电量停电损失占对应时长的区域内用户单位电量停电损失均值的比重。

用户单位电量停电损失是指停电对用户造成的单位电量的停电损失费用值，是由于电力中断所带来的经济损失，主要受停电持续时间的影响，即不同的停电时长对应的单位电量停电损失费用值不同；对应时长的区域内用户单位电量停电损失费用均值是指规定的停电时长下，区域内所有用户的单位电量停电损失的平均值。其计算公式为

$$C_G(M) = \sum_{j=1}^{k} \frac{C_j(M)}{k} \tag{6-2}$$

式中 $C_G(M)$ ——区域 $G$ 内停电时长为 $M$ 的所有用户单位电量停电损失费用均值，元/kWh；

$C_j(M)$ ——用户 $j$ 在停电持续时间为 $M$ 的单位电量停电损失值；

$k$——区域内的用户数量。

可以得到用户的停电经济损失价值系数为

$$x_{i2} = \frac{C_i(M)}{C_G(M)} \tag{6-3}$$

式中 $x_{i2}$——用户 $i$ 停电时长为 $M$ 的停电经济损失价值系数。

可见，单位电量停电损失值越大，用户停电的后果越严重。

**3. 分布式自备电源的供电能力价值系数**

分布式自备电源的供电能力价值系数反映了分布式电源的接入对用户的停电电量的弥补作用。若采用典型的用户日负荷曲线与典型分布式电源（如风电、光伏发电）的日发电曲线作为原始数据，分布式自备电源供电能力系数可表示为某时刻用户需求的负荷与对应时刻自备电源对应的发电负荷的比值。具体表达式为

$$x_{i3}(t) = \begin{cases} \dfrac{P_{i\mathrm{load}}(t)}{P_{i\mathrm{GD}}(t)} & P_{i\mathrm{load}}(t) > P_{i\mathrm{DG}}(t) \\ 1 & \text{DG 不存在} \\ 0 & P_{i\mathrm{load}}(t) < P_{i\mathrm{DG}}(t) \end{cases} \tag{6-4}$$

式中 $P_{i\mathrm{load}}(t)$ ——用户 $i$ 在时刻 $t$ 的负荷需求；

$P_{i\mathrm{DG}}(t)$ ——用户 $i$ 连接的分布式电源在时刻 $t$ 的输出功率。

DG输出功率足以满足当前用户负荷需求时，用户不做停电计算，该价值系数取0；DG输出功率小于当前用户负荷时，说明当前状态下仅靠分布式电源供电不足以满足用户负荷需求，且数值越大用户对配电网供电可靠性需求越高；用户若没有分布式电源的接入或分布式电源此刻没有出力，则该项价值系数取值为1。

在发电机组部分发生故障，发电系统出力不能满足负荷需求的情况下，选择出负荷点等效失电量和等效负荷损失量综合最小的最佳停电方案。具体操作步骤和部分举例说明如下：

（1）根据所需求取的情况，建立目标函数和约束条件。分别以等效失电量最小和等效负荷损失量最小为目标函数，约束条件为实际停电容量约束、实际停电电量约束、系统运行约束、运行发电机出力约束、分布式电源容量约束。

（2）规定目标函数的前提条件，包括停电优化方案的时段，并对该时段进行分段处理。如选取1天为方案设计时段，可将1天分为24个时间段，以每小时为1个时间段；亦可选取1年为规划时段，可规定每周为1个时段。

（3）根据划定的配电区域的配电网络结构图，形成配电网络等效拓化变化图，确定每个负荷点（等效负荷点和用户点）的分布情况和编号。

（4）根据用户停电后果价值系数的计算公式，求取每个用户的停电后果价值系数。

（5）对目标函数进行多目标优化的求解。以基于逐次修正适应度函数权重系数的改进遗传算法为例。首先通过对原始数据进行二进制编码，反映出配电网络结构中的不同时间段的开关开断情况，然后计算适应度函数，每一次迭代均对适应度函数中的目标函数项修正其权重系数，使之更加快速地趋向于所求结果收敛。进行多次求解之后，获得一串1、0编码序列，即为最终的最优停电方案组合解，该编码序列也表示每个负荷点在统计时间内的每个时段的开断情况的组合。

## 6.2 考虑电压偏差修正影响的供电可靠性改善措施

### 6.2.1 配电网电压偏差问题的成因

配电网中典型的电能质量问题主要包括电压偏差（电压偏高或电压偏低）、电压波动和谐波问题。这些电能质量问题都会影响电力系统的供电可靠性。

在电力系统中，低电压问题是电能质量问题中最常出现的一种状况。当配电网中有大负荷投入、供电半径过长、导线线径过细、线路或配电变压器或台区重过载和配电变压器分接头档位不合理时，易出现低电压问题。过电压问题产生的原因主要有系统中大负荷退出运行、配电变压器分接头档位不合理等。

电压波动也是电力系统中较为常见的电能质量问题。由于系统中接入大型冲击性负荷，如煤粉厂、纺织厂、钢厂或其他工业用电设备，这类设备的运行会造成配电网中的电压发生波动，当电压波动频繁时，无功电压自动控制装置（AVC）难以实现实时电压调整，使得联络线和设备的电压也发生波动。

谐波问题同样是电力系统中不可忽略的电能质量问题。谐波是指对周期性非正弦交流量进行傅里叶级数分解所得到的大于基波频率整数倍的各次分量，通常称为高次谐波，基波是指其频率与工频（50Hz）相同的分量。对于当前的电力系统而言，高次谐波是影响供电可靠性的一大“公害”，亟待采取应对措施。谐波产生的根本原因是非线性负荷。当电流流经负荷时，负荷的电压和电流不呈线性关系，从而形成非正弦电流，即产生谐波。在现代电力系统中，为保证电力系统运行的稳定性和可靠性，常常投入大型补偿电力设备、非线性电力电子器件等非线性设备，因此产生了谐波问题。常见原因主要如下：

**1. 发电机质量不高产生谐波**

由于发电机三相绕组在绕制时难以做到绝对对称，铁芯也难以做到绝对均匀等原因，其所发出的电也难免会产生一定的谐波。

**2. 输配电系统产生谐波**

在输配电系统中，由于大量使用大型变压器进行电压等级的转换而产生谐波。变压器铁芯饱和以及磁化曲线的非线性会导致磁化电流呈尖顶波形，因而含有奇次谐波。

**3. 用电设备产生谐波**

大量使用的电力电子器件会给电网带来大量谐波。

为了有效解决电压偏差、电压波动和谐波等电能质量问题，提高系统的用户侧供电可靠性，需要从电网层面、用户层面、设备层面采取相应的措施进行改善。

## 6.2.2　电网层面的改善措施

**1. 改造或者新建配电变压器、线路**

当线路供电半径过长时，线路压降增大，使末端电压偏低，需要对线路改造，或在线路中间增加电源点，以缩短供电半径；当线径太细，载流量不能满足要求时，需要对线路改造，更换线径更粗的导线；当配电变压器或台区重过载时，需要对其进行增容改造或转移负荷。

**2. 重新调整 AVC 参数**

当冲击性负荷接入系统时，负荷波动较大，导致 AVC 系统调节不及时，难以满足实时调压的要求。因此，需要实时监测电压水平，考虑整个供电区电网的运行方式，优化 AVC 参数设置，改善 AVC 系统对电压波动的反应时间。

**3. 调整三相负荷**

当三相负荷不平衡时会使某一相或两相电压偏高、另两相或一相电压偏低，在负荷高峰时，会加剧三相负荷不平衡，因此，应结合负荷变化曲线均衡分配三相负荷。

### 6.2.3 用户层面的改善措施

用户的用电设备对配电网的电能质量有重要影响，对用户进行鼓励宣传、计时电价和惩罚机制等都是在用户层面上对配电网电能质量的治理措施。

**1. 对用户进行鼓励宣传**

一些用电负荷较大的工厂对电能质量的影响比较大，在负荷高峰时可能会导致配电变压器、线路或台区重过载，使得电压偏低，大负荷退出时又会使得电压偏高，因此，应当与当地政府密切配合，向用户宣传电压治理工作的必要性，并鼓励用户夜间开展生产工作。

**2. 分时电价**

分时电价是指将一天划分为多个时段，不同时段依据系统运行的平均边际成本收取电费。为避免上述负荷高峰时期可能出现的各种问题，分时电价的采用可以有效刺激和引导用户采取合理的用电方式，形成合理的用电结构。

**3. 惩罚机制**

对于一些严重影响电能质量的用电设备，应当要求用户加装治理设备。有些用电设备会向系统注入大量谐波，引起三相不平衡或使电压剧烈波动，影响系统稳定性，设立惩罚机制。当用户的大型用电设备对配电网产生较大影响时，应处以相应罚款，要求用户加装治理设备。

### 6.2.4　设备层面的改善措施

**1. 装设稳压器**

稳压器可以自动调整输出电压，对于对电压水平要求高的用户非常适用，当电压发生越限时可以自动将电压稳定在合适的范围内，响应速度较快。

**2. 装设调压器**

调压器可以根据线路的电压水平自动投入或退出，实现对电压的补偿。调压器调节的范围比较宽，可以在20%或更大的范围内自动调压，在一定程度上可以降低线损，一般安装在距线路首段1/2处或2/3处。对于不能进行有载调压的变压器，将调压器安装在变压器的出线侧，可以实现有载调压。对于负荷分散、线路较长的农村地区，安装调压器比较实用，因为供电半径过长，线损较大，线路上的压降较大，可以考虑安装调压器，建立电压支撑点，使用户侧电压保持在合理的范围内。

**3. 装设无功补偿装置**

目前常用的无功补偿装置有电容器组、静止无功补偿器（SVC）和静止无功发生器（SVG）。电容器组响应慢且不能实现平滑调节，连续控制能力差；SVC技术目前相对成熟，广泛应用于输配电网，可实现综合治理电网中电压波动、谐波和不平衡的问题；SVG是一种更为先进的静止无功补偿装置，由于技术还不成熟，目前在电网中还没有广泛应用，但其有更优的性能，代表着新型无功补偿装置的发展方向。其他补偿装置的原理都是通过电容器或电抗器向系统供应或吸收无功功率，而SVG是采用电源模块进行无功补偿，响应速度更快，补偿无功功率的同时还可以抑制系统中的谐波，使用寿命更长。

需要注意到的是，各个站点的电压质量是相互影响的，不能单独考虑某一个站点的治理方式。同时，不同用户的用电规律也不尽相同。因此，在提出治理策略时，需要考虑用户类型以及各个节点的电压水平、调压方式、补偿位置和补偿容量，使用模糊聚类分析算法对用户进行分类，同时，利用无功优化算法对各节点的治理设备、补偿装置和分布式电源接入情况进行优化，求出最优的改善措施。

## 6.3 考虑电压暂降修正影响的供电可靠性改善措施

电压暂降的主要原因是供电系统和用户内部设备发生短路故障。因此，为了解决电压暂降引起的电能质量问题，提高用户供电可靠性，需要从用户层面和电网层面采取相应措施进行改善。

### 6.3.1 用户层面的改善措施

**1. 安装缓解设备**

对敏感负荷安装缓解设备是电压暂降和短时中断治理的最直接和最有效的防线。安装缓解设备可以彻底解决敏感负荷受电压暂降和短时中断的影响，也是保护敏感负荷的必然选择。DVR（动态电压恢复器）是用来补偿电压跌落、提高下游敏感负荷供电质量的串联补偿装置。因其良好的动态性能和成本上的相对优势，DVR 被认为是目前解决电压暂降问题最经济、最有效的定制电力装置。交流不间断电源和直流不间断电源是解决控制系统供电中断的有效方法，同时也能有效治理电压暂降；采用基于直流供电技术的电压暂降保护系统可以彻底解决变频器和接触器等敏感负荷的电压暂降和短时中断问题。可采用同步调相机、无功补偿电容器、无功补偿电抗器、静止无功补偿器（SVC）和静止无功发生器（SVG）等无功补偿技术。并联电容器和并联电抗器适用于负荷变化慢、补偿性能要求不高的场合。只有当系统无功功率发生变化时，控制器才根据其变化量控制电容器或者电抗器的投切。SVC 和 SVG 都是动态无功补偿装置，补偿的跟随性能好，可以实现一个正弦波周期内作出响应，不但可以补偿感性无功功率，而且还可以补偿容性无功功率，但其投资很高。

**2. 改变供电方式**

在敏感负荷附近装设 1 台电源；采用母线分段或多设配电站的方法来限制同一回供电母线上的馈线数；在系统中的关键位置安装限流线圈，以增加与故障点间的电气距离；对于高敏感负荷，可以考虑由 2 个或更多电源供电，这些方式都会改变电压暂降影响范围。

不同的供电方式在电压暂降时会有不同的开关动作，从而造成不同的暂降范围、暂降深度和持续时间；不同的变压器接线方式和接地方式会造成高低压侧不同的电压暂降传递方式；单源双线、双源双线、单母线分段、双母线分段、开环运行和合环运行等都会对电压暂降严重度有影响，如何选择适合客户应根据实际情况选择运行方式，坚持提高供电可靠性并减弱电压暂降影响是基本原则。

**3. 采用交直流混合供电模式**

在原有交流供电的基础上增加直流供电，形成交直流混合供电，可以提高供电可靠性。在电压暂降期间，由直流供电线路给敏感负荷供电，保证敏感负荷不间断运行，这种改变供电方式的做法，在一些汽车制造、半导体和化工行业已有小范围应用。随着直流配电技术的发展，特别是直流断路器、直流保护技术的完善，必将成为一种发展趋势。这种供电方式可以避免一对一治理设备“打补丁”方式的缺点，形成全厂的协同治理，也是一种高性价比的治理措施。

## 6.3.2 电网层面的改善措施

**1. 减少故障次数**

这是电力公司常采用的措施。主要方法有线路规划、预防性试验检查、架空线入地、架空线加外绝缘、对剪树作业严加管理、增加绝缘水平、增加维护和巡视的频度等。

**2. 缩短故障清除时间**

速动后备保护是缩短故障清除时间的少数有效方法之一。通过缩小分级区域、优化各种保护时间定值、做好级差配合，可以减少故障影响范围并快速切除故障，有效缩短电压暂降持续时间。

**3. 低压脱扣器等保护和用电设备的选型和配置**

用户侧低压脱扣器延时时间的设置应与电网中继电保护动作时间相配合，按照国家标准进行低压脱扣器的电压暂降试验，保证低压脱扣器的适用性。建议用户以后报装时，应提供负荷类型及负荷能承受的电压暂降幅值和持续时间，供电部门可根据用户负荷需求，指导用户配置合适的低压脱扣器。原则如下：

（1）若负荷可承受电压暂降而不会损坏，为避免低压脱扣器的动作跳闸而导致负荷停运，带来不必要的停电损失，可建议用户在低压脱扣器上配置延时环节（延时时间大于120ms）。

（2）若负荷经受电压暂降时会出现故障运行（例如精密电机在低电压情况下运行一段时间线圈会烧毁），此时需要结合负荷能承受的电压暂降幅值和持续时间，配置合适的低压脱扣器，通过低压脱扣器的动作跳闸及时保护负荷。

需要说明的是，电网层面的措施虽然可以减少电压暂降发生的次数和持续时间，但是不能从根本上杜绝电压暂降的发生，更不能在电压暂降发生时保护敏感负荷免受影响。

一方面供电公司应加强电网设备运维，组织各部门开展设备精益化管理工作，有效减少输变配电设备故障，努力减少设备故障引起的电压暂降等电能质量问题，提供优质供电和客户满意度；另一方面，用户也应积极采取其他措施避免电压暂降带来的损失。

## 6.4 本章小结

本章主要从考虑用户需求驱动、考虑电压偏差以及考虑电压暂降三个方面提出了用户侧供电可靠性提升技术。

从考虑用户需求驱动方面提出改善用户侧供电可靠性就是针对有较高供电可靠性需求和电能质量需求的用户，提出用户侧的可靠性提升措施，同时提出兼顾用户深度用电需求的可靠性提升技术。

考虑电压质量就是着力解决电压偏差（尤其是电压偏低）、电压波动和谐波问题，分别从电网层面、用户层面和设备层面提出了一系列电压质量改善措施。同时提出对用户集群进行模糊聚类分析，从而更加有效地改善用户侧供电可靠性。

考虑电压暂降就是从电能质量的角度来改善供电可靠性，考虑为减少电压暂降的发生，以及其他涉及电能质量的改善措施，主要从用户层面和电网层面分别提出一系列电能质量改善措施。一方面供电公司应加强电网设备运维，组织各部门开展设备精益化管理工作，有效减少输变配电设备故障，努力减少设备故障引起的电压暂降等电能质量问题，提供优质供电和客户满意度；另一方面，用户也应积极采取其他措施避免电压暂降带来的损失。

# 第7章

# 可实施用户侧供电可靠性的硬件装置

## 7.1 可实施用户侧供电可靠性的硬件装置的实现原理

### 7.1.1 硬件装置的特点

可实施用户侧供电可靠性的硬件装置是一种能实时、全面、精确地测量电网基础电力数据，如电压有效值、电流有效值、有功功率和无功功率等，并且提供电网电能质量问题事件检测，特别是电压暂降的一种新型计量装置。由于电网的供电可靠性对用户的影响非常大，并且越来越得到重视，因此该新型计量装置的设计研发能加强配电网供电可靠性的研究和管理，通过对装置记录的电能质量问题事件的研究和分析，能进一步提高我国配电网的供电可靠性水平。

可实施用户侧供电可靠性的硬件装置集基础电力数据采集功能和电能质量问题事件记录功能于一体，因此该装置具有采集数据量大、数据分析能力强、数据处理结果准确性高等特点。另外，该硬件装置一般在电能质量问题易发生处工作，因此对装置的电能质量敏感性和安全性都有较高的要求。

可实施用户侧供电可靠性的硬件装置的电能质量在线监测和分析原理框图如图7-1所示，包括数据采集和处理部分、数据上传和人机交互部分以及远程数据管理三个部分。数据采集和处理部分负责采集现场的电压有效值、电流有效值、有功功率、无功功率、功率因数、电压谐波等基本电力数据，并对采集的数据进行初步分析处理；数据上传和人机交互部分利用装置所采集的数据进行电能质量分析，及时记录电能质量问题事件发生时的特征数据并上传到数据服务器，同时在装置的可视化装置上提供故障数据本地展示和人机交互；远程数据管理部分可随时查询各个测量点的电能质量相关信息，并对后台数据库进行统一调控与管理。

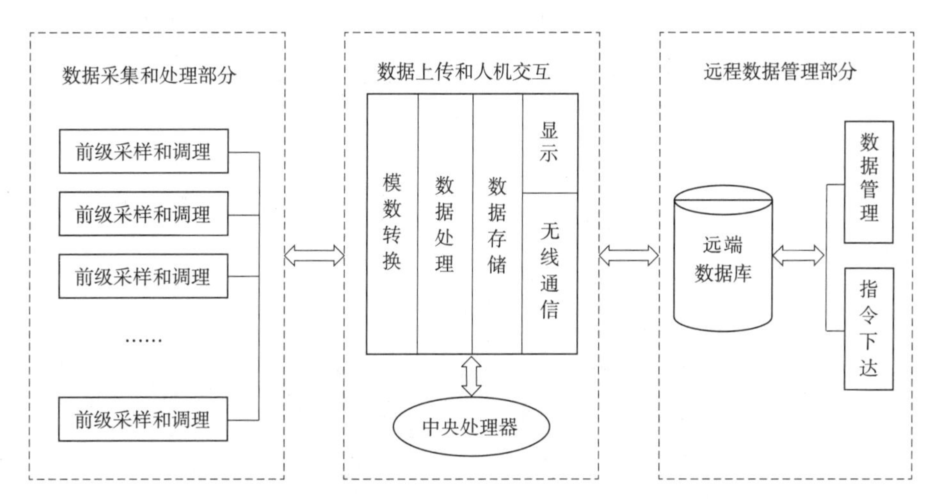


图 7-1 可实施用户侧供电可靠性的硬件装置原理框图

可实施用户侧供电可靠性的硬件装置的主要功能如下：

**1. 基础计量功能**

基础计量功能即实时测量电网基础电力数据，包括如下部分：

(1) 电压、电流有效值以及电压谐波。

(2) 有功功率、无功功率。

(3) 功率因数。

(4) 各相用电量。

**2. 电能质量分析功能**

电能质量分析功能即对检测点的电能质量问题，特别是电压暂降进行分析，包括如下部分：

(1) 电压暂降、电压骤升的检测。

(2) 记录电压暂降的暂降发生时间、暂降停止时间、暂降持续时间、暂降深度、故障相序等特征量。

(3) 故障数据的上传和保存功能。

(4) 故障数据的本地显示功能。

(5) 远端数据库查询、统计功能。

### 7.1.2 硬件装置的工作原理

基于对可实施用户侧供电可靠性的硬件装置功能的要求，本章主要介绍以 DSP

28335为处理核心设计的可检测电压暂降的新型计量装置。该装置基于模块化设计，通过各个模块之间的相互连接最终实现装置整体功能。装置的模块组成如图7-2所示。

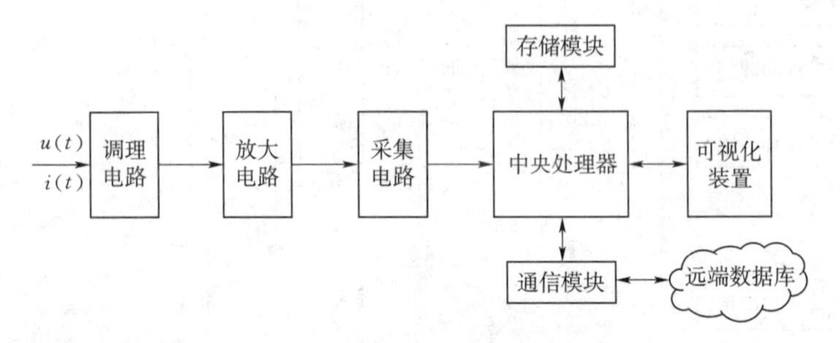


图7-2　可实施用户侧供电可靠性的硬件装置的模块图

前级采样和调理模块包括调理电路、放大电路和采样电路三部分。该模块将现场采集的大电压和大电流信号转换成模数转换器所要求的小电压信号，具体步骤如下：

(1) 电平转换。现场采集的电压信号为有效值为220V的交流信号，电流信号具体是几十至上百安的交流信号。因此对于电压，需要设计一个分压电路将大电压转换成小电压；对于电流，需要利用电磁感应原理将电流信号转换成电压信号。这一步是粗略的前级采样处理过程。

(2) 综合调理。设计一个运算放大器电路将第(1)步粗糙的电压信号转换成精细的小电压信号。这是由于模数转换器一般都有较为苛刻的电压输入范围要求，如－10～＋10V、－5～＋5V等，需要保证输入模式转换器的输入电压在此范围之内。

(3) 模数转换。这一步是将现场电压、电流信号经过前两步骤处理后得到的小电压信号转换成中央处理单元可识别的数字量，从而完成后续的数据处理、分析等。

中央处理器完成控制和系统操作，同时承担数据计算和处理的功能。从本新型计量装置的便携性、体积的小巧性和安装拆卸的灵活性出发，中央处理器应尽量选择嵌入式平台，因此本装置选用嵌入式微处理器。嵌入式微处理器与普通台式计算机的微处理器设计在基本原理上是相似的，但是工作稳定性更高，功耗较小，对环境（如温度、湿度、电磁场、振动等）的适应能力强，体积更小，且集成的功能较多。另外，在工作性能上，嵌入式微处理器对实时多任务有很强的支持能力，能完成多任务并且有较短的中断响应时间；同时片上具有较强的可扩展性，方便后续装置结构功能的更新。因此，一款合适的嵌入式微处理器能完成本装置预设的功能。

通信模块负责新型计量装置与远端数据库的通信。新型计量装置将现场测量数据通过目前常见的通信协议如WiFi、4G、低压载波、TCP/IP等无线传输至远端数据库，从而实现远端数据查询、统计等操作。另外还需自定义针对该装置的信息码格式，一般包括数据头、数据帧、校验位等。设计合理的信息码格式可以提高数据无线传输中的可靠性和准确性。

供电模块是整个装置的动力部分。由于新型计量装置需要直接接入现场，因此可以利用现场电压作为装置的供电来源，选择宽输入、低纹波、低噪声和带输出保护的电源模块，能将现场的大交流电压转换成小直流电压。目前，高频小型化的开关电源及其技术已成为现代移动设备供电系统的主流，因此可选择一款合适的电源模块作为装置的一次电源，然后利用各种直流—直流变换芯片作为装置的二次电源，从而为装置提供各种电压等级的直流电压，满足装置内其他模块的供电需求。

存储模块包括外扩 RAM 芯片和 ROM 芯片。为了实现电压暂降的实时检测，装置需要进行大量运算，数据较多。为此需要外扩内存，用于存放检测程序代码、堆栈数据和临时数据等。外扩 RAM 芯片是为了预留充足的程序空间和后续程序的维护改进空间，满足装置多种功能实现的要求；外扩 ROM 芯片则是考虑到该装置需要存储大量的电能质量问题事件的各种特征量，而常规的中央处理器芯片的存储空间一般难以达到要求，且测量现场极有可能因为电能质量问题发生短时供电中断，因此需要外扩 ROM 芯片暂存大量故障数据，同时避免不必要的数据丢失。

可视化装置是人机交互的重要部分。新型计量装置对现场的电能质量进行分析后，一方面数据上传到远端数据库，另一方面还在装置上的可视化装置上进行本地显示，显示包括：实时测量的基础电力数据如电压、电流有效值、有功功率和无功功率等；检测到的电能质量问题事件的特征数据如发生时间、停止时间和故障相序等，同时还提供检测到的历史事件的查询，方便用户实时、准确地了解现场的电能质量情况。

### 7.1.3 电压暂降的检测原理

电压暂降的发生原因多种多样，但描述其发生特征则大致相同。目前电压暂降的特征量一般包括电压暂降深度、故障持续时间和相位跳变等，这些特征量均可由计算分析得到。

根据 IEEE 标准和 GB/T 30137—2013 的定义：电压暂降是指电力系统中某点工频电压有效值暂时降低至额定电压的 10%～90%（即幅值为 0.1～0.9p.u.），并持续 10ms～1min，此期间内系统频率仍为标称值，然后又恢复到正常水平的现象。可知，在新型计量装置可以通过暂降深度、持续时间、相位跳变三个特征量作为电压暂降的发生判断依据。

暂降深度：暂降深度是电压暂降最重要的一个特征量。其指暂降发生后电压的有效值与额定电压的有效值之比，用于衡量电压下降的深度。

持续时间：持续时间指从系统电压有效值下降到某一规定值（通常为 90%）到恢复到该规定值所持续的时间。

相位跳变：电压暂降发生时，除了电压有效值会降低，还可能发生相位跳变。相位跳变指电压暂降发生后电压相位的变化量，多数情况下相角跳变为负跳变。

电压暂降检测的特征量选取后，还需确定电压暂降的检测算法，目前常用的检测算法如下：

**1. 均方根值法**

检测电压暂降最直接的方法为计算电压的有效值，若该有效值降至某一规定值以下即可判断发生电压暂降。根据采样信号中有效值的定义，电压有效值可表示为

$$U=\sqrt{\frac{1}{N}\sum_{n=0}^{N-1}u^2(n)}$$

式中　$N$——一个周期的采样数；

$u(n)$——采样值。

由于电压暂降的持续时间一般较短，若检测时每次都计算一个周波的有效值将大大影响检测的实时性。因此一般在以上方法的基础上使用滑动窗检测法。该方法可描述为：当完成第一个周波的有效值计算后，在获取一个新的采样数据的同时将最早的采样数据剔除，即每采样一个数据后都进行一次有效值计算，从而大大提高检测的实时性和可靠性。该方法可表示为

$$U(i)=\sqrt{\frac{1}{N}\sum_{n=k-N+1}^{i}u^2(n)}$$

式中　$i$——当前采样值的序号。

**2. 基波分量法**

该方法基于傅里叶变换计算信号的有效值。先将一组采样信号通过傅里叶变换获得基波和谐波的实部和虚部，再通过相应运算获得采样信号的有效值。该方法可表示为

$$U_R(k)=\frac{2}{N}\sum_{n=0}^{N-1}u(n)\cdot\cos\left(\frac{2\pi}{N}kn\right)$$

$$U_I(k)=-\frac{2}{N}\sum_{n=0}^{N-1}u(n)\cdot\sin\left(\frac{2\pi}{N}kn\right)$$

式中 $U_R(k)$、$U_I(k)$——第 $k$ 次谐波的实部和虚部；

$N$——一个周期的采样点数。

已知基波的实部和虚部后，其有效值和相角为

$$U(1)=\frac{\sqrt{2}}{2}\sqrt{U_R^2(1)+U_I^2(1)}$$

$$\varphi(1)=\arctan\frac{U_I(1)}{U_R(1)}$$

### 3. 三相 *dq* 变换法

$dq$ 变换是基于磁场等效的原理将三相信号变成两相信号的一种分析方法。对于空间上相隔 120°的定子绕组，若分别通三相正弦电流，会产生一个内部旋转磁场。此时，若将转子绕组等效为空间上互相垂直的两相 $d$，$q$ 绕组并分别通直流电，再以上述旋转磁场的旋转速度进行旋转，则也可以产生等效的内部磁场。因此，通过 $dq$ 变换可将三相信号转换成以一定角速度旋转的 $dq$ 坐标系上的信号。

对于三相系统，三相电压的表达式为

$$\begin{cases}u_a=\sqrt{2}U\cos(\omega t+\theta)\\u_b=\sqrt{2}U\cos(\omega t+\theta-\frac{2\pi}{3})\\u_c=\sqrt{2}U\cos(\omega t+\theta+\frac{2\pi}{3})\end{cases}$$

将三相电压转换到 $d$，$q$ 轴后，表达式为

$$\begin{bmatrix}u_d\\u_q\end{bmatrix}=C\begin{bmatrix}u_a\\u_b\\u_c\end{bmatrix}=\begin{bmatrix}\sqrt{3}U\cos\theta\\\sqrt{3}U\sin\theta\end{bmatrix}$$

其中

$$\boldsymbol{C}=\sqrt{\frac{2}{3}}\begin{bmatrix}\cos(\omega t) & \cos\left(\omega t-\frac{2\pi}{3}\right) & \cos\left(\omega t+\frac{2\pi}{3}\right)\\-\sin(\omega t) & -\sin\left(\omega t-\frac{2\pi}{3}\right) & -\sin\left(\omega t+\frac{2\pi}{3}\right)\end{bmatrix}$$

求得 $u_d$ 和 $u_q$ 后，电压的有效值和相位可表示为

$$U=\frac{\sqrt{3}}{3}\sqrt{U_d^2+U_q^2}$$

$$\varphi = \arctan \frac{U_q}{U_d}$$

**4. 单相 $dq$ 变换法**

由于三相 $dq$ 变换需要三相信号数据，无法对单相进行电压暂降分析，因此通过改进三相 $dq$ 变换获得了单相 $dq$ 变换法。单相 $dq$ 变换法的原理是首先通过单相信号进行 $\alpha\beta$ 变换，然后再进行 $dq$ 变换从而获得电压的有效值。$\alpha\beta$ 变换是指将空间上相隔120°的定子绕组等效为空间上相互垂直的两相 $\alpha$、$\beta$ 定子绕组并通上相位相差90°的正弦电流，此时两者产生的旋转磁场等效。对于 $\alpha\beta$ 变换和 $dq$ 变换，两者有以下变换关系

$$\begin{bmatrix} u_d \\ u_q \end{bmatrix} = C \begin{bmatrix} u_\alpha \\ u_\beta \end{bmatrix} = \begin{bmatrix} \cos(\omega t) & \sin(\omega t) \\ -\sin(\omega t) & \cos(\omega t) \end{bmatrix} \begin{bmatrix} u_\alpha \\ u_\beta \end{bmatrix}$$

此时若令采样信号 $u=u_\beta$，再将 $u$ 延时90°获得 $u_\alpha$，此时有

$$\begin{bmatrix} u_d \\ u_q \end{bmatrix} = C \begin{bmatrix} u_\alpha \\ u_\beta \end{bmatrix}$$

再根据以下公式即可求得信号的有效值和相位为

$$U = \frac{\sqrt{3}}{3} \sqrt{U_d^2 + U_q^2}$$

$$\varphi = \arctan \frac{U_q}{U_d}$$

## 7.2　可实施用户侧供电可靠性的硬件装置的总体设计框架

可实施用户侧供电可靠性的硬件装置采用模块化设计，其主要功能模块包括DSP主控芯片及其外围电路、前级采样和放大电路、模数转换电路（ADC模块）、存储模块、电源电路、通信模块和人机交互部分。

(1) DSP主控芯片作为硬件装置的控制核心，控制各模块的正常工作并实现各模块之间的相互协调。

(2) 前级采样和放大电路将装置的输入电压、电流的模拟量实现采样和放大，即将大电压、大电流信号转换成ADC模块输入范围内的小电压信号。

(3) ADC模块将前级采样和放大电路输出的模拟量转换成主控芯片可识别的数字信号。

（4）电源电路。整个硬件装置正常工作所需要的电源由该部分电路提供。

（5）存储模块。外扩 RAM 芯片和 EEPROM 芯片用以存储大量程序代码和检测数据，并且防止断电后重新上电的情况下数据的丢失。

（6）通信模块。实现硬件装置和远端服务器之间的通信，将现场检测的故障数据无线传输给远端服务器，同时对其下达的指令做出响应。

（7）人机交互部分，即一块 ARM 平板，其内部安装检测数据可视化软件，对基本电力数据和电能质量问题事件特征数据进行实时显示，与用户进行信息交互。

## 7.3 可实施用户侧供电可靠性的硬件装置的具体设计方案

### 7.3.1 主控芯片及其外围电路

对于可实施用户侧供电可靠性的硬件装置，主控芯片是核心部分，它不仅需要处理 ADC 芯片的数字信号，进行如 FFT（快速傅里叶变换）等复杂数据处理，还要进行实时电压暂降检测，并将故障数据上传到远端数据库中。鉴于数据处理对芯片的性能有较高的要求，硬件装置中选用更适合数据计算的 DSP 主控芯片，型号选择 TMS320F28335（以下简称为 28335 芯片）。28335 芯片由美国的 TI 公司（德州仪器公司）研发，是一款精度高，成本低，功耗小，性能高，功能强大的 DSP 芯片。其时钟主频高达 150MHz，并具备 32 位浮点处理单元，存储空间达到 256KB，引脚数为 176。该芯片具有基本的 GPIO 功能，支持 58 个外设中断，定时功能，内置 12 位 16 通道的 ADC 模块（模数转换），兼具 ePWM 功能（增强型脉宽调制）、eCAP 功能（增强型脉冲捕获）和 QEP 功能（正交编码），支持 SCI（串行），SPI（并行）和 I2C 通信等串行通信方式。硬件接口设备需要使用的 DSP 电路引脚除基本的电源引脚、接地引脚、连接晶振引脚外，主要包括 I2C 引脚、SCI 引脚及个别通用 I/O 引脚以实现外接模块的功能，具体连接电路如图 7-3 和图 7-4 所示。

维持 28335 芯片稳定工作需要提供 3.3V 和 1.9V 两种电压等级，该供电电源选择 DC/DC 转换芯片 TPS73HD301，该芯片在信号输入端提供 5V 的直流电压即可提供稳定的 3.3V 和 1.9V 的双路直流输出，可以契合 28335 芯片对工作电源的需求。此外，其外围电路还给每个电源端口配置去耦合电容，大小均为0.1$\mu$F。

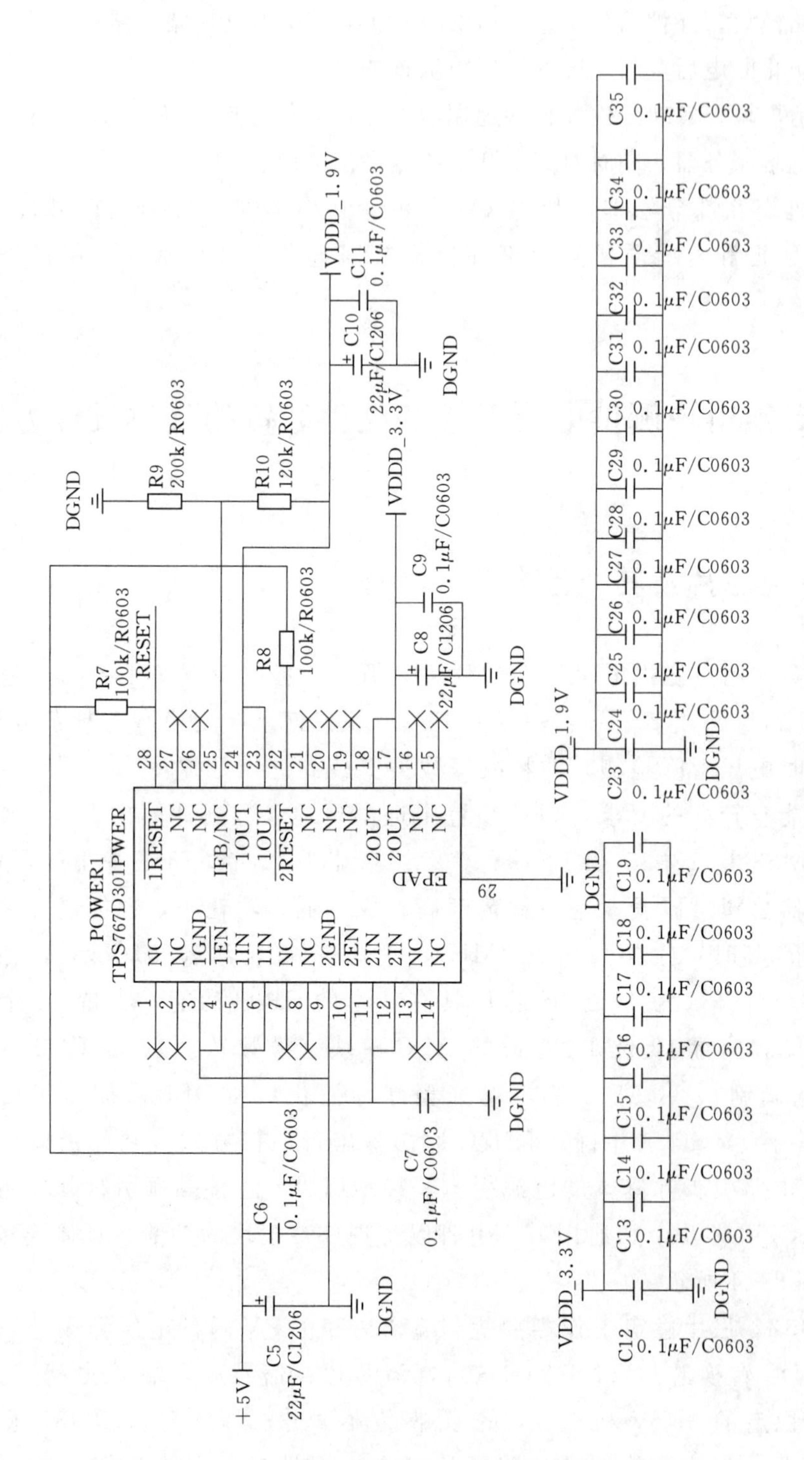


图 7－3　可实施用户侧供电可靠性的硬件装置的主控芯片电路原理图

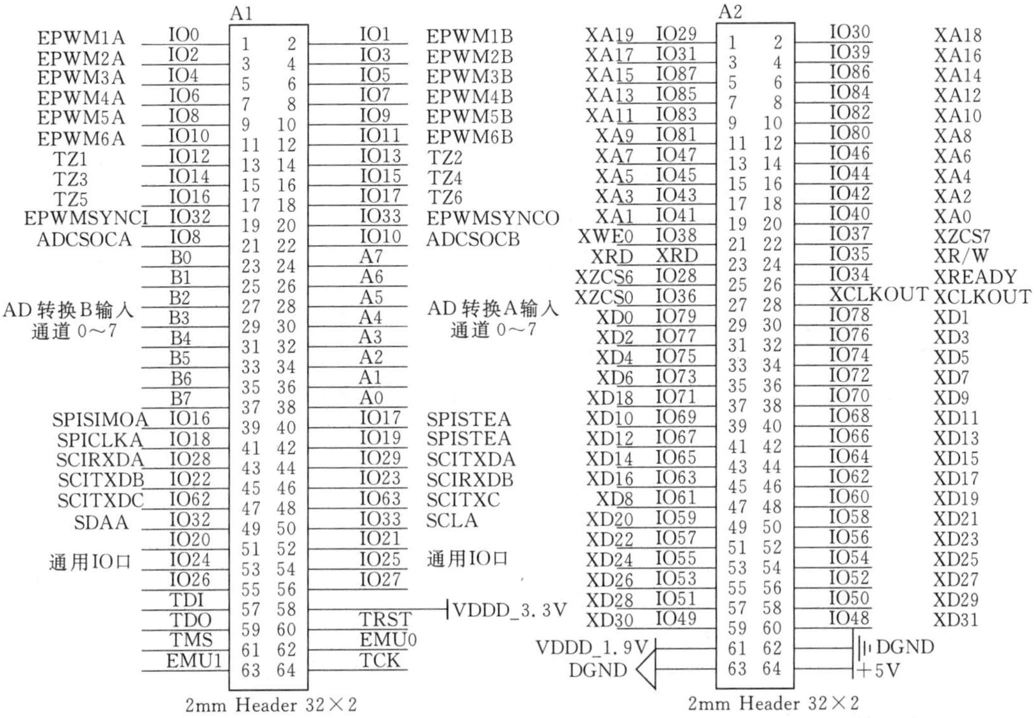

图 7－4　可实施用户侧可靠性的硬件装置的主控芯片电路原理图

## 7.3.2　前级采样和放大电路

前级采样和放大电路是模数转换器的前置电路，用于采集现场电压、电流模拟量并对采样值进行一定比例的偏置放大，既要提高信噪比，又要使输出满足模数转换器的输入要求，同时还应保证转换后信号稳定不失真。

前级采样电路包括电压采样电路和电流采样电路。电压采样电路并联在现场火线和零线之间，采用电阻分压的方式，经过输入输出隔离后将采样电阻两端的电压作为采样值。电流采样电路则在零线出线端串入采样电阻，把该电阻两端的电压作为采样值。电压采样电阻可选用直插型精密电阻，要求电阻精度高，温漂小；电流采样电阻可选用康铜电阻，其具有电阻温度系数小、机械强度高、抗拉强度大、稳定性好等特点。需要注意的是，采样电阻两端的电压不可直接作为输出，还应经过 RC 低通滤波电路滤除高频分量。可实施用户侧供电可靠性的硬件装置的采样电路原理图如图 7－5 所示。

放大电路将前级采样电路输出的粗糙的采样信号转换成精细的模数转换器输入信号，同时提高信噪比，保证转换后信号不失真。放大电路由集成仪表放大器芯片构

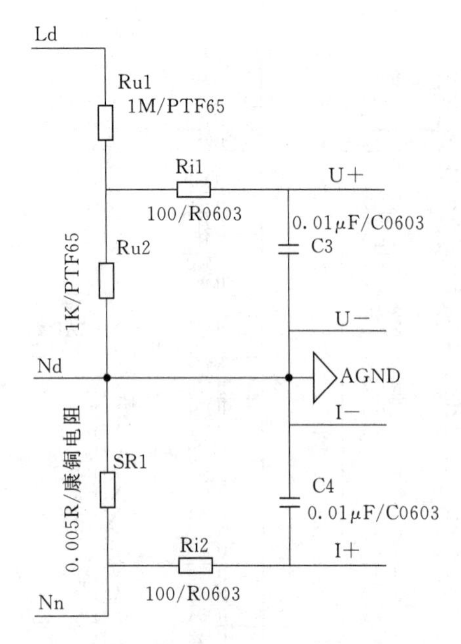


图 7-5　可实施用户侧供电可靠性的硬件装置的采样电路原理图

成，选用型号为 INA129。这款芯片具有低电压偏置（最大约为 50μV）、低温度偏移（最大约为 0.5μV/℃）、高共模抵制等特点，通过改变电阻 $R_G$ 的阻值可以实现 1 到 10000 之间任一增益的选择。增益倍数的确定，应由前级采样电路的增益倍数和 ADC 芯片输入范围的要求共同决定。可实施用户侧供电可靠性的硬件装置的放大电路的原理图如图 7-6 所示。

## 7.3.3　模数转换电路

模数转换电路即 ADC 电路，用于将电压、电流模拟量转换成数字量，是硬件装置获取现场数据的关键部分。根据装置对数据处理速度和精度的要求，本书选择一款集成 ADC 芯片，型号为 AD7606。该芯片是一款 16 位 8 通道的模数转换芯片，内置有模拟输入箝位保护、二阶抗混叠滤波器、跟踪保持放大器、16 位电荷再分配逐次逼近型模数转换器、灵活的数字滤波器、基准电压缓冲以及高速串行和并行接口，其采用 5V 单电源供电，可以处理±10V 和±5V 双极性输入信号。因此只需

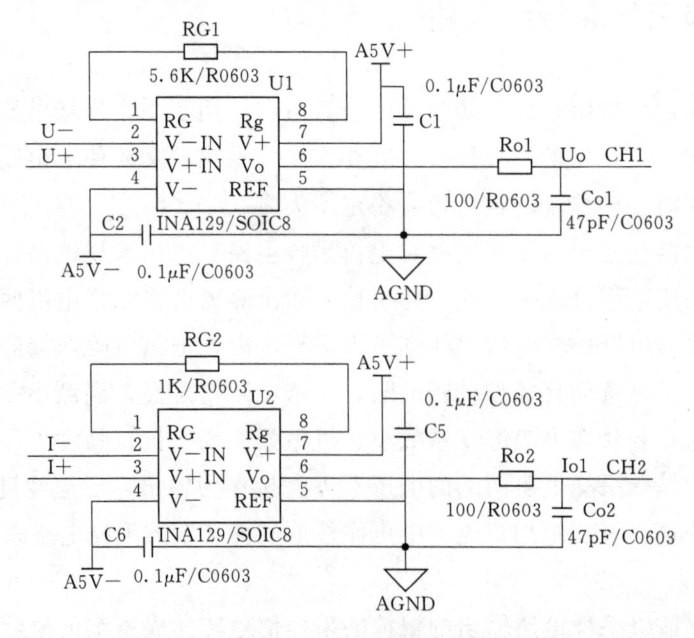


图 7-6　可实施用户侧供电可靠性的硬件装置的放大电路原理图

将现场电压、电流通过前级采样和放大电路转换成+10V 双极性输入信号，将该信号输入 ADC 芯片即可完成模数转换。模数转换电路原理图如图 7-7 所示。

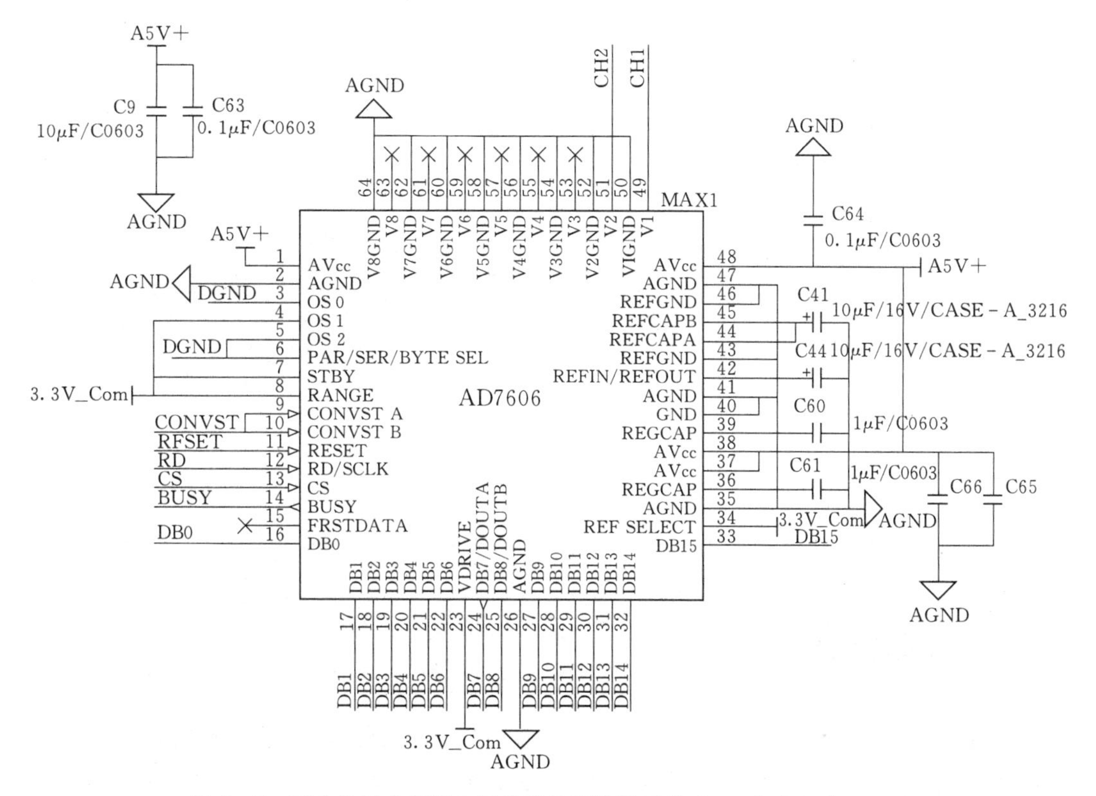


图 7-7 可实施用户侧供电可靠性的硬件装置的 ADC 芯片电路原理图

## 7.3.4 电源电路

由于硬件装置模块较多，不同模块对供电有不同的要求，包括+5V、+3.3V 直流电等，因此需要对电源电路进行专门设计，以保证装置正常工作。首先供电电路可以从现场火线和零线之间获取电能，然后利用开关电源模块和电源转换芯片来实现不同电压等级之间的转换。这里选用 AP05N05-Zero 开关电源模块将 220V 的交流电整流为+5V 的直流电。该模块输出电压为+5V，最大输出电流为 2.4A，体积小，功率大，效率高达 80%。R11 为自恢复保险丝，R13 为压敏电阻，实现浪涌保护功能。在+5V 输出端还有设置有电感电容滤波电路和电容稳压，实现输出信号的滤波和稳压作用。此外，选用 TPS73633 芯片把+5V 直流电压转化为+3.3V 直流电压。TPS73633 芯片由 TI 公司生产，该芯片输出稳定，噪声干扰低于 30μV，有优秀的负荷瞬态响应，其外围电路没有过于复杂的设计，仅需连接几个电容即可正常稳定地工作。可实施用户侧供电可靠性的硬件装置的电源电路原理图如图 7-8 所示。

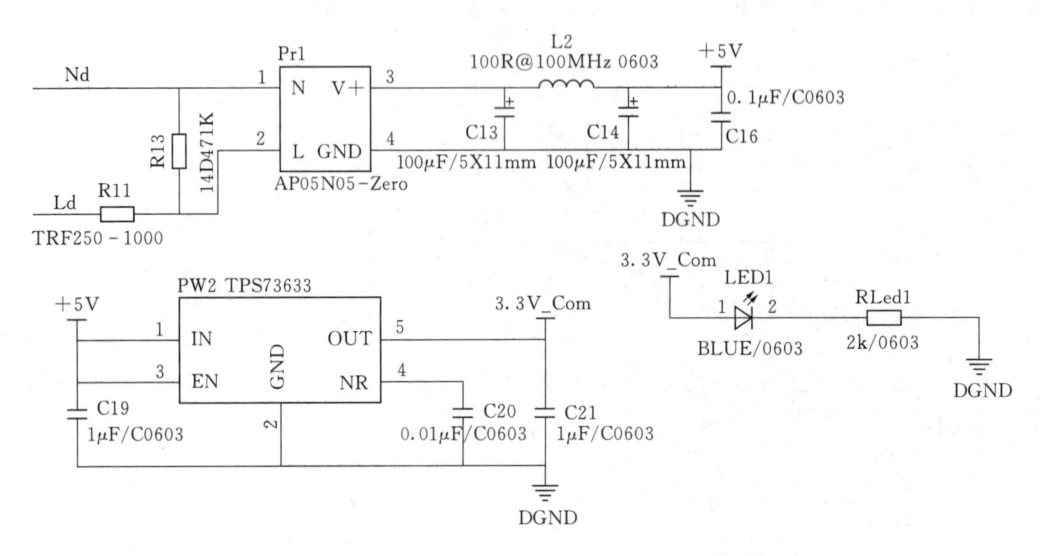


图 7-8　可实施用户侧供电可靠性的硬件装置的电源电路原理图

## 7.3.5　存储模块

存储模块包括外扩 RAM 芯片和 EEPROM 芯片，其作用是存放大量程序代码和检测数据，并且防止断电后重新上电的情况下数据的丢失。对于外扩 RAM 芯片，选用型号为 IS61LV25616 的 SRAM。IS61LV25616 是 ISSI 公司开发的一款容量为 256KB×16 位的高速静态 RAM，其具有高速存取时间、CMOS 低功耗、无需时钟信号或刷新以及三态输出的特点，因此该存储芯片能满足本装置存储空间和存储速率的要求。该芯片的使用也相对简单，只需将主控芯片和 IS61LV25616 相对应的地址线、数据线、读写使能线相连即可完成 SRAM 的外扩工作。可实施用户侧供电可靠性的硬件装置的外扩 RAM 芯片原理图如图 7-9 所示。

对于外扩 EEPROM 芯片，选用的型号为 AT24C64。这是一款存储空间为 64KB 的电可擦除及可编程只读存储器 EEPROM，内置有 8 个存储单元，通过对片上的 A0～A2引脚的控制可以进行存储页的切换，支持 32 字节页写入模式，通信方式为 I2C 通信。可实施用户侧供电可靠性的硬件装置的外扩 EEPROM 电路原理图如图 7-10 所示。

## 7.3.6　通信模块

通信模块的作用是实现硬件装置与远端数据库之间的通信，包括向远端服务器

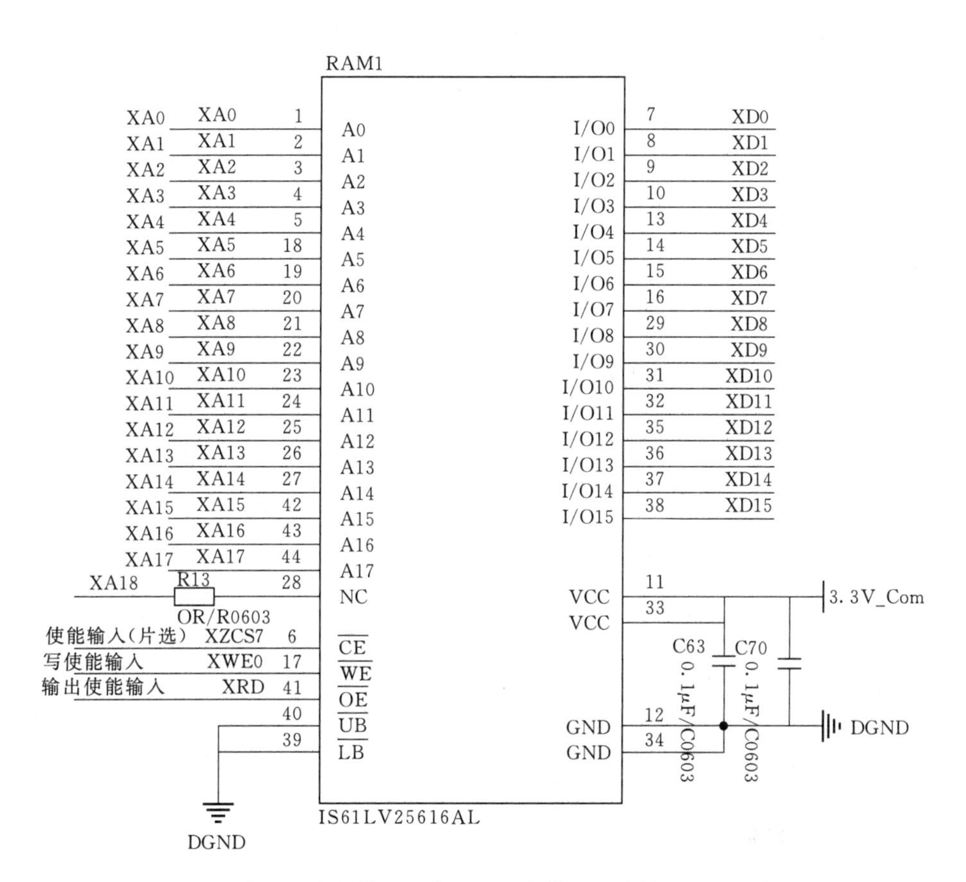


图 7-9　可实施用户侧供电可靠性的硬件装置的外扩 RAM 电路原理图

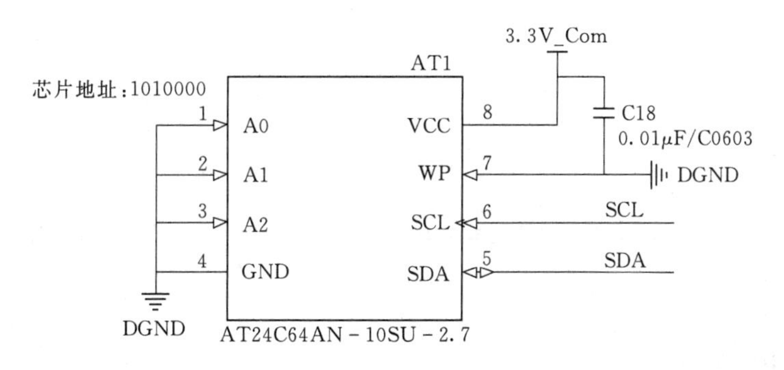


图 7-10　可实施用户侧供电可靠性的硬件装置的外扩 EEPROM 电路原理图

上传数据和接收远端控制指令。受到硬件装置安装现场环境因素的限制，WiFi、Zigbee 等常用无线通信协议无法满足通信环境要求，相较而言，4G 通信在本装置中更为适合。4G 通信目前发展已较为成熟，具有通信速度快、网络频谱宽、通信灵活和通信费用低等优势，且在使用时只需在硬件装置上插入串口转 4G 模块即可，方便快捷。

对于装置上的串口通信，可利用主控芯片上内置的SCI模块完成。SCI模块的使用需主控芯片分配2个外部引脚分别作为发送线和接收线与RS232的发送线和接收线相对应。然而通常外部引脚的输出电平不满足RS232逻辑电平的定义，需要先将外部引进输出的TTL电平转换成232电平，以上操作可使用MAX3232芯片完成。完成电平转换后，再将双方的发送线和接受线相对应即可。可实施用户侧供电可靠性的硬件装置的串口通信电路原理图如图7-11所示。

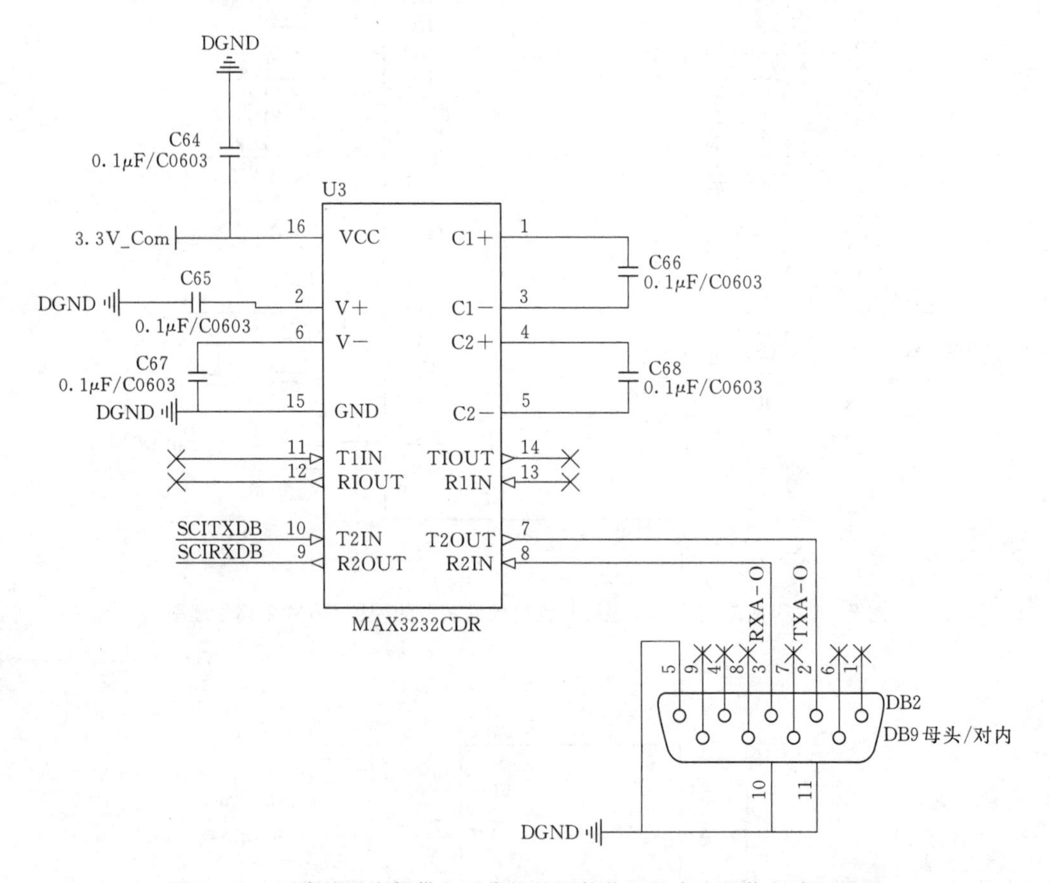


图7-11　可实施用户侧供电可靠性的硬件装置的串口通信电路原理图

## 7.3.7　人机交互部分

人机交互部分选用一块ARM平板，型号采用世界上最小的全功能接口RK3399一体化主板NanoPC-T4，这是一款完全开源的高性能计算平台。它的尺寸只有100mm×64mm，标配4GB LPDDR3内存和16GB闪存，板载2.4G&5G双频WiFi模组。芯片上运行Lubuntu18.04操作系统。平板内置安装专门开发的故障数据显示和查询软件，能实时显示硬件装置采集的基本电力数据和故障数据，且提供历史事件查询功能，通过平板上的高清触摸显示屏与用户进行数据交互。

## 7.4　本章小结

本章主要介绍了可实施用户侧供电可靠性的硬件装置的实现原理和硬件电路的设计方案。该硬件装置主要安装于需要监测电能质量的商业、工业和居民现场，能实时采集用户的基础电力数据和实时分析电能质量，基于无线通信技术进行组网，并通过ARM平板实现数据的显示和上传、指令的接收和发送等功能。

# 参考文献

[1] 李妍，余欣梅，熊信良，等．电力系统电压暂降分析计算方法综述[J]. 电网技术，2004，28 (14)：74－78.

[2] 周林，吴红春，孟婧，徐会亮，马永强．电压暂降分析方法研究[J]. 高电压技术，2008 (5)：1010－1016.

[3] 刘琨．电压暂降及其检测算法仿真 [D]. 天津：天津大学，2012.